AutoCAD 2020室内设计课堂实录

张运香　单立娟　主　编

清华大学出版社
北京

内 容 简 介

本书以 AutoCAD 软件为载体,以知识应用为中心,对室内设计制图进行了全面阐述。书中每个案例都给出了详细的操作步骤,同时还对操作过程中的设计技巧进行了重点描述。

全书共分为 12 章,遵循由浅入深、循序渐进的思路,依次对室内设计要素与基本原则、室内布局与色彩、AutoCAD 软件的应用领域、AutoCAD 基础入门、室内二维图形的绘制与编辑、图块功能的应用、尺寸标注的应用、文字与表格的创建与编辑、图纸的输出与打印等进行了详细讲解。最后通过室内设计常用图形、单身公寓设计方案、KTV 空间设计方案、酒店客房设计方案 4 个实操案例,对前面所学的知识进行了综合应用,以实现举一反三、学以致用的目的。

本书结构合理,思路清晰,内容丰富,语言简练,解说详略得当,既有鲜明的基础性,也有很强的实用性。

本书既可作为高等院校相关专业的教学用书,又可作为室内设计爱好者的学习用书。同时,还可作为社会各类 AutoCAD 软件培训班的首选教材。

图书在版编目(CIP)数据

AutoCAD2020室内设计课堂实录 / 张运香,单立娟主编. —北京:清华大学出版社, 2021.3(2023.8重印)
ISBN 978-7-302-57482-8

Ⅰ.①A… Ⅱ.①张… ②单… Ⅲ.①室内装饰设计—计算机辅助设计—AutoCAD软件 Ⅳ.①TU238.2-39

中国版本图书馆CIP数据核字(2021)第021526号

责任编辑:李玉茹
封面设计:杨玉兰
责任校对:吴春华
责任印制:丛怀宇

出版发行:清华大学出版社
　　　　　网　　　址:http://www.tup.com.cn, http://www.wqbook.com
　　　　　地　　　址:北京清华大学学研大厦A座　　　　邮　　编:100084
　　　　　社 总 机:010-83470000　　　　　　　　　　邮　　购:010-62786544
　　　　　投稿与读者服务:010-62776969, c-service@tup.tsinghua.edu.cn
　　　　　质量反馈:010-62772015, zhiliang@tup.tsinghua.edu.cn
印 装 者:三河市天利华印刷装订有限公司
经　　销:全国新华书店
开　　本:200mm×260mm　　　印　　张:17　　　字　　数:410千字
版　　次:2021年5月第1版　　　印　　次:2023年8月第3次印刷
定　　价:59.00 元

产品编号:089279-01

序 言

数字艺术设计是通过数字化手段和数字工具实现创意和艺术创作的全新职业技能，全面应用于文化创意、新闻出版、艺术设计等相关领域，并覆盖移动互联网应用、传媒娱乐、制造业、建筑业、电子商务等行业。

ACAA全称是Alliance of China Digital Arts Academy，意为联合数字创意和设计相关领域的国际厂商、龙头企业、专业机构和院校，为数字创意领域人才培养提供最前沿的国际技术资源和支持。

ACAA 20年来始终致力于数字创意领域，在国内率先创建数字创意领域数字艺术设计技能等级标准，填补该领域空白，依据职业教育国际合作项目成立"设计类专业国际化课改办公室"，积极参与"学历证书+若干职业技能等级证书"相关工作，目前是Autodesk中国认证管理中心和Unity中国教育计划合作伙伴。

ACAA在数字创意相关领域具有显著的品牌辨识度和影响力，并享有独立的自主知识产权，先后为Apple、Adobe、Autodesk、Sun、Redhat、Unity、Corel等国际软件公司提供认证考试和教育培训标准化方案，经过20年市场检验，获得充分肯定。

20年来，通过ACAA数字艺术设计培训和认证学员，有些成功创业，有些成为企业骨干力量。众多考生通过ACAA数字艺术设计师资格或实现入职，或实现加薪、升职，企业还可以通过高级设计师资格完成资质备案，以提升企业竞标成功率。

ACAA系列教材旨在为院校学生和其他学习者提供更为科学、严谨的学习资源，致力于把最前沿的技术和最实用的职业技能评测方案提供给院校学生和其他学习者，促进院校教学改革，提升教学质量，助力产教融合，帮助学习者掌握新技能，强化职业竞争力，助推学习者的职业发展。

ACAA中国数字艺术教育联盟

王 东

前　言

本书内容概要

　　AutoCAD 是一款功能强大的二维辅助设计软件，它不仅具备二维、三维图形的绘制与编辑功能，还包括对图形进行尺寸标注、文本注释以及协同设计、图纸管理等功能，并被广泛应用于机械、建筑、电子、航天、石油、化工、地质等领域。本书以敏锐的视角，简练的语言，并结合室内设计的特点，运用大量的室内施工设计案例，对 AutoCAD 软件进行全方位讲解，为了能让读者在短时间内制作出完美的设计图纸，我们组织教学一线的设计人员及高校教师共同编写了此书。全书共分为 12 章，遵循由局部到整体、由理论到实践的写作原则，对室内设计图的绘制进行了全方位的阐述，各章的内容介绍如下。

章节	内容概述
第 1 章	主要讲解了室内设计必备知识、室内布局、色彩搭配，AutoCAD 软件的应用领域，以及新手入门操作等
第 2 ～ 8 章	主要讲解了辅助绘图知识、二维图形的绘制、二维图形的编辑、图块的应用、尺寸标注的应用、文本与表格的应用、图形的输出与打印等
第 9 ～ 12 章	主要讲解了室内设计常用图形的绘制、单身公寓设计方案、KTV 空间设计方案，以及酒店客房设计方案

系列图书一览

　　本系列图书既注重单个软件的实操应用，又看重多个软件的协同办公，以"理论＋实操"为创作模式，向读者全面阐述了各个软件在设计领域中的强大功能。在讲解过程中，结合各领域的实际应用，对相关的行业知识进行了深度剖析，以辅助读者完成各种类型的设计工作。正所谓"授人以渔"，读者不仅可以掌握这些设计软件的使用方法，还能利用它们独立完成作品的创作。本系列图书包含以下图书作品：

　　★ 《中文版 AutoCAD2020 辅助绘图课堂实录（标准版）》
　　★ 《AutoCAD2020 室内设计课堂实录（中文版）》
　　★ 《AutoCAD2020 园林景观设计课堂实录（中文版）》
　　★ 《AutoCAD2020 机械设计课堂实录（中文版）》
　　★ 《AutoCAD2020 建筑设计课堂实录（中文版）》
　　★ 《3ds Max 建模课堂实录（中文版）》
　　★ 《3ds Max+Vray 室内效果图制作课堂实录（中文版）》
　　★ 《3ds Max 材质 / 灯光 / 渲染效果表现课堂实录（中文版）》
　　★ 《草图大师 SketchUp 课堂实录》
　　★ 《AutoCAD+SketchUp 园林景观效果表现课堂实录》
　　★ 《AutoCAD+3ds Max+Photoshop 室内效果表现课堂实录》

　　本书由张运香（佳木斯大学）、单立娟（辽宁交通高等专科学校）编写，其中张运香编写第 1 ～ 9 章，单立娟编写第 10 ～ 12 章。由于水平有限，书中疏漏之处在所难免，望读者朋友们批评指正。

室内课堂实录 - 实例

室内设计 - 视频

CONTENTS
目 录

第 3 章

二维图形的绘制

第 4 章
二维图形的编辑

第 5 章
图块、外部参照的应用

第 6 章
尺寸标注的应用

第 7 章
文字与表格

目录

第 11 章
KTV 装潢施工图的绘制

第 12 章
酒店客房施工图的绘制

第〈1〉章 ————————————

室内设计轻松入门

内容导读

　　AutoCAD 软件是一款非常优秀的辅助设计软件。对于室内设计行业来说，它是入行的敲门砖。作为一名室内设计师，需要有专业的设计理念和过硬的绘图技能，才能够将设想变为现实。本章将向读者介绍一些室内设计必备常识，以及新版本 AutoCAD 2020 入门基础操作。通过对本章内容的学习，读者可以掌握基础绘图知识和应用技巧。

学习目标

　　» 　了解室内设计基础知识

　　» 　熟悉室内布局与色彩搭配

　　» 　掌握 AutoCAD 软件基本操作

1.1 室内设计必备知识

每个行业都有相应的行业规则，室内设计行业也一样。要想进入该行业，就必须了解该行业的一些设计规则。本节将从行业的分类、行业的设计要素以及行业的设计原则三个方面，介绍室内设计行业的一些入行必备知识。

■ 1.1.1 室内设计分类

室内设计按照行业种类，可划分为两大类，分别是居住空间设计与公共空间设计。下面将分别对其进行简单介绍。

1. 居住空间设计

所谓的居住空间，通常指人们居住的住宅、公寓和宿舍等室内空间，具体设计范围包括玄关、客厅、餐厅、书房、卧室、厨房、卫生间、阳台等，如图1-1所示。

图 1-1

2. 公共空间设计

（1）文教建筑空间。主要涉及幼儿园、学校、图书馆、科研楼等室内空间，具体设计范围包括门厅、过厅、中庭、教室、活动室、阅览室、实验室、机房等区域。

ACAA课堂笔记

2

（2）医疗建筑空间设计。主要涉及医院、社区诊所、疗养院等室内空间，具体设计范围包括门诊室、检查室、手术室、病房等区域，如图 1-2 所示。

图 1-2

（3）办公建筑室内设计。主要涉及行政办公楼和商业办公楼等室内空间，具体设计范围包括办公楼大堂、办公室、会议厅、阅览室、洗手间等区域。

（4）商业建筑室内设计。主要涉及商场、便利店、餐饮建筑等室内空间，具体设计范围包括营业厅、专卖店、酒吧、茶室、餐厅等区域，如图 1-3 所示。

图 1-3

（5）展览建筑室内设计。主要涉及各种美术馆、展览馆和博物馆等室内空间，具体设计范围包括展厅、展廊等区域。

（6）娱乐建筑室内设计。主要涉及电影院、游乐场等室内空间，具体设计范围包括舞厅、歌厅、KTV、游艺厅等区域。

（7）体育建筑室内设计。主要涉及各种类型的体育馆、游泳馆等室内空间，具体设计范围包括用于不同体育项目的比赛和训练及配套的辅助用房等区域。

（8）交通建筑室内设计。主要涉及公路、铁路、水路、民航的车站、候机楼、码头建筑等室内空间，具体设计范围包括候机厅、候车室、候船厅、售票厅等区域。

■ 1.1.2 室内设计要素

室内设计的主要目的是通过各种设计手段为人们创造一个舒适的空间环境。而一个成功的设计，在功能上应当是适用的，在视觉上应当具有一定的吸引力，所以设计师在做设计时，需要考虑以下几点设计要素。

（1）空间要素。空间布局合理化是每一位设计师最基本的任务。要勇于探索时代、技术赋予空间的新形象，不要拘泥于过去形成的空间形象。

（2）色彩要素。室内色彩除对视觉环境产生影响外，还直接影响人们的情绪、心理。科学的用色有利于工作，有助于健康。色彩处理得当既能符合功能要求又能取得营造美感的效果。

（3）光影要素。人类喜爱大自然的美景，常常把阳光直接引入室内，以消除室内的黑暗感和封闭感，特别是顶光和柔和的散射光，可以使室内空间更为亲切自然。

（4）装饰要素。充分利用室内空间中建筑构件不同装饰材料的质地特征，可获得千变万化、不同风格的室内艺术效果，同时还能体现地区的历史文化特征，如图1-4所示。

图 1-4

AutoCAD 2020 室内设计 课堂实录

（5）陈设要素。室内家具、地毯、窗帘等，均为生活必需品，其造型往往具有陈设特征，大多起着装饰作用。实用性和装饰性应互相协调，达到功能和形式统一而有变化的效果，使室内空间舒适得体、富有个性，如图 1-5 所示。

图 1-5

（6）绿化要素。室内设计中绿化已成为改善室内环境的重要手段。室内移花栽木，利用绿化和小物品以沟通室内外环境、扩大室内空间感及美化空间。

■ 1.1.3 室内设计基本原则

设计师除了解以上设计要素外，还要掌握以下 4 项基本设计原则。

（1）功能性原则。在室内空间中，不同区域空间的作用是不同的，使用的功能也是不一样的。设计师要深入理解各个空间的使用限度，尽力满足这些空间的使用功能。

（2）安全性原则。无论起居、交往，还是工作、学习等活动，都会在室内空间中进行，所以在室内空间设计时，要考虑其安全性。设计师做的设计不只是艺术，一切的室内空间设计都要以人为本。

（3）可行性原则。室内空间设计都要有它的可行性。不能为了艺术效果，把一个室内空间搞成一个艺术展览，丢失了可行性。

（4）经济性原则。在室内空间设计时，还要考虑客户的消费能力，设计方案只有在他的消费能力之内，才能真正地实现，不然它只是一张纸而已。而且设计的每个物品都要考虑它的实用性。

ACAA课堂笔记

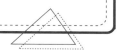

1.2 室内布局与色彩

合理的室内布局，和谐的色彩搭配是室内设计的精髓。成功的设计作品，往往其关键就在于此。而这对于初学者来说也是最难攻克的一关。

■ 1.2.1 室内布局分析

在室内设计中，平面布局是否合理，这一点非常重要。不合理的布局，不但不能产生美感，反而还会给住户带来很多不必要的麻烦。所以判断一幅设计作品是否合格，最重要的依据就是判断其布局是否合理。

那么，如何做出合理的室内布局呢？下面将向读者介绍一些布局的设计要点。

1. 满足业主需求

合理化的布局，是整个设计方案的核心。设计师在设计时，首先要考虑业主的需求。将业主的想法与实际相结合，并赋予人性化的设计。

2. 满足人体动作特征与空间尺度范围

在进行空间布局时，应对具体的动态特征及所需空间范围进行分析。充分利用人体工程学的测定数据，作为室内空间布局的主要依据，如图1-6、图1-7所示。

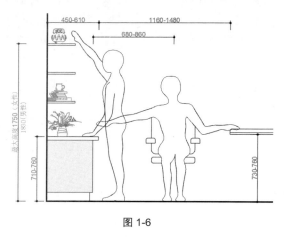

图 1-6

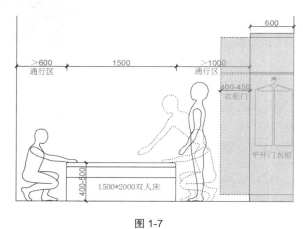

图 1-7

3. 室内活动路线合理化

室内活动路线能够起到划分空间区域的作用，合理的活动路线，能够提高工作、生活效率，是空间布局的主要内容。

4. 合理利用室内空间

充分合理地利用室内每个空间，减少浪费。各空间都要以满足人体需要为出发点，从而可以便捷、舒适地进行各类活动。

5. 家具选择需注意

家具的选择与组合，取决于室内群体活动的需要以及空间条件。选择合适环境风格的家具，对空间布局起着关键作用。

■ 1.2.2 室内色彩搭配

色彩是室内设计的另一个基本要素，其不仅是创造视觉形式的主要媒介，而且兼有实际的机能作用。换而言之，室内色彩具有美学和适用的双重标准。下面将向读者简单地介绍色彩在室内设计中的应用。

1. 了解空间色彩的主次关系

室内色彩按照其面积和重要程度可以分为四类：背景色、主体色、配角色、点缀色。

（1）背景色。通常是指室内地面、墙面、天花板等大块面积的颜色，决定整个空间的基本色调。如图 1-8 所示的室内效果，其空间基本色调为灰色。

（2）主体色。主要由一些大型家具和室内陈设所形成的大面积颜色，在室内配色中占有一定的分量，如沙发、衣柜或大型雕塑装饰等。如果要形成对比效果，应选用背景色的对比色或补色作为主体色；如果要达到协调效果，应选用同背景色色调相近的颜色作为主体色，如图 1-9 所示。

图 1-8

图 1-9

ACAA课堂笔记

（3）配角色。其存在是为了更好地映衬主体色，通常可以使空间显得更为生动、鲜明。这两种色调搭配在一起，构成空间的基本色。配角色若与主体色呈现对比，会显得主体色更为鲜明、突出，如图1-10所示。若与主体色临近，则会显得空间配色缺乏层次。

图 1-10

（4）点缀色。是指室内小型易于变化的物体色，用于打破单调的环境，如灯具、织物、艺术品或其他软装饰的颜色。点缀色常选用与背景色形成对比的颜色，如运用得当可以达到画龙点睛的效果，如图1-11所示。不过，点缀色常常因物体体积太小而被忽略。

图 1-11

2. 室内配色通用原则

从宏观上说，色彩可分为无色彩和有色彩两种系列。无色彩系列指黑、白、灰三种色调；而有色彩系列则指的是红、橙、黄、绿、青、蓝、紫七种色相。在实际应用中，这两种系列常搭配使用。

（1）单独使用无彩色。黑、白、灰三种颜色搭配在一起，往往比那些丰富多彩的颜色更具有感染力，如图1-12所示。

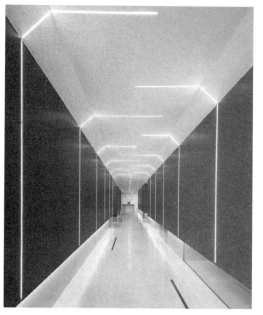

图 1-12

注意事项

　　黑白搭配的空间很有现代感，是时尚人士的首选。但如果等比例使用黑白两色就会显得太沉寂暗淡，长期在这种环境中，人会眼花缭乱、紧张、烦躁、无所适从。最好的搭配是以白色为主，辅以黑色和其他色彩作为点缀，空间会显得明亮舒畅，同时兼具品位与趣味。此外，黑色是相当沉寂的色彩，切忌不要大面积使用。

　　（2）无彩色搭配有彩色。黑、白、灰可谓是经典百搭款，它们与任何一种色彩搭配，都会很出彩，设计师可以放心大胆地去搭配，如图 1-13 所示。

图 1-13

　　（3）无彩色搭配多彩色。无彩色是一种很知性的颜色，可用于调和色彩的搭配或凸显其他颜色。当一个场景中色彩种类较多时，无彩色可以起到中和作用，使本来杂乱的色彩统一到一个整体中，如图 1-14 所示。

图 1-14

1.3 AutoCAD 软件入门必备

一个好的设计理念只有通过规范的制图才能实现其理想的效果。下面将向读者介绍一些制图的基本知识以及软件的使用范围和方法。

■ 1.3.1 AutoCAD 应用领域

AutoCAD 软件具有绘制二维图形、三维图形、标注图形、协同设计、图纸管理等功能，并被广泛应用于机械、建筑、电子、航天、石油、化工、地质等领域，是目前使用最广泛的计算机绘图软件。

1. AutoCAD 在室内工程领域中的应用

在绘制室内设计施工图纸时，一般要用到 3 种以上的制图软件，例如 AutoCAD、3ds Max、Photoshop 等。通过这些软件，可以轻松地表现出所需要的设计效果。

2. AutoCAD 在机械领域中的应用

AutoCAD 技术在机械设计中的应用主要集中在零件与装配图的实体生成等方面。它更新了设计手段和设计方法，摆脱了传统设计模式的束缚，引进了现代设计观念，促进了机械制造业的高速发展。

3. AutoCAD 在电气工程领域中的应用

电气设计的最终产品是图纸，设计师需要基于功能或美观方面的要求创作产品，并需要具备一定的设计概括能力，从而利用 AutoCAD 软件绘制出设计图纸。

4. AutoCAD 在服装领域中的应用

随着科技时代的发展，服装行业也逐渐应用 AutoCAD 设计技术。目前，服装行业使用 AutoCAD 技术进行服装款式图的绘制、对基础样板进行放码、对完成的衣片进行排料、对完成的排料方案直接通过服装裁剪系统进行裁剪等。

1.3.2 AutoCAD 基本功能

AutoCAD 自 1982 年问世以来，已经历了十余次升级，每一次升级，在功能上都得到了增强，且日趋完善。也正因为 AutoCAD 具有强大的辅助绘图功能，使其成为设计领域中应用最广泛的计算机辅助绘图与设计软件之一。

1. 绘制与编辑图形

AutoCAD 的"绘图"菜单中包含丰富的绘图命令，使用它们可以绘制直线、构造线、多段线、圆、矩形、多边形、椭圆等基本图形，也可将绘制的图形转换为面域，对其进行填充。如果再借助"修改"菜单中的修改命令，便可绘制出各种各样的二维图形，如图 1-15 所示。

对于一些二维图形，通过进行拉伸、设置标高和厚度等操作就可轻松地转换为三维图形。使用"绘图"|"建模"命令中的子命令，用户可以很方便地绘制圆柱体、球体、长方体等基本实体以及三维网格、旋转网格等曲面模型。同样再结合"修改"菜单中的相关命令，还可以绘制出各种各样复杂的三维图形，如图 1-16 所示。

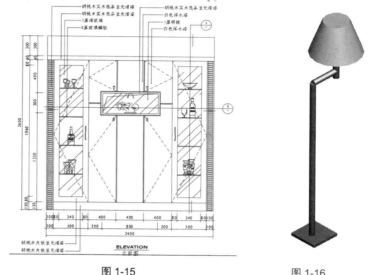

图 1-15   图 1-16

2. 标注图形尺寸

尺寸标注是指向图形中添加测量注释的过程，是整个绘图过程中不可缺少的一步。AutoCAD 的"标注"菜单包含了一套完整的尺寸标注和编辑命令，可以在图形的各个方向创建各种类型的标注，也可以方便、快速地以一定格式创建符合行业或者项目标准的标注。

ACAA课堂笔记

标注显示对象的测量值，对象之间的距离、角度，或者特征与指定原点的距离。在 AutoCAD 中提供了线性、半径和角度 3 种基本标注类型，可以进行水平、垂直、对齐、旋转、坐标、基线或连续等标注。此外，还可以进行引线标注、公差标注，以及自定义粗糙度标注。标注的对象可以是二维图形也可以是三维图形，如图 1-17、图 1-18 所示。

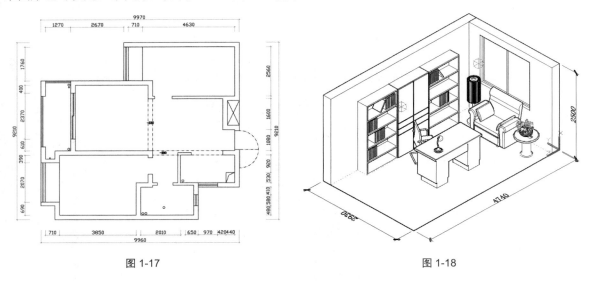

图 1-17

图 1-18

3．渲染三维模型

在 AutoCAD 中，可以运用雾化、光源和材质，将模型渲染为具有真实感的图像。如果是进行演示，可以渲染全部对象；如果时间有限，或显示设备和图形设备不能提供足够的灰度等级和颜色，可不必精细渲染；如果只需快速查看设计的整体效果，则可以简单消隐或设置视觉样式。

4．输出与打印图形

AutoCAD 不仅允许将所绘图形以不同样式通过绘图仪或打印机输出，还能够将不同格式的图形导入 AutoCAD 或将 AutoCAD 图形以其他格式输出。因此，当图形绘制完成后可以使用多种方法将其输出。例如，可以将图形打印在图纸上，或创建成文件以供其他应用程序使用。

ACAA课堂笔记

1.3.3 AutoCAD 工作界面

启动 AutoCAD2020 应用程序，进入 AutoCAD 默认的"草图与注释"工作空间界面，该界面由标题栏、菜单栏、功能区、文件选项卡、绘图区、十字光标、命令行以及状态栏等几个主要部分组成，如图 1-19 所示。

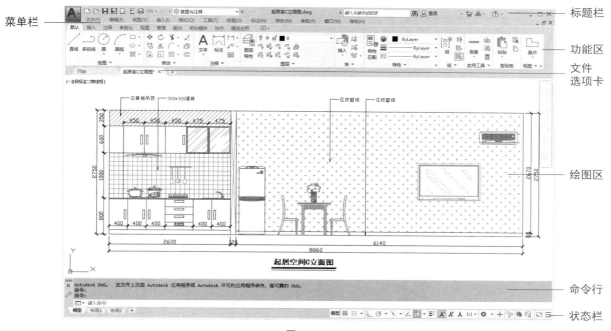

图 1-19

1."菜单浏览器"按钮

"菜单浏览器"按钮 由新建、打开、保存、另存为、输出、发布、打印、图形实用工具、关闭组成。其主要是为了方便使用，节省时间。

"菜单浏览器"按钮位于工作界面的左上方，单击该按钮，会弹出 AutoCAD 文件菜单。选择相应的命令，便可执行相应的操作。

2.标题栏

标题栏位于工作界面的最上方，由快速访问工具栏、当前图形标题、搜索栏、Autodesk Online 服务以及窗口控制按钮组成。按 Alt+ 空格组合键或者右击鼠标，会打开窗口控制菜单，可以执行窗口还原、移动、大小、最小化、最大化、关闭等操作。也可以通过右上角的窗口控制按钮进行以上操作。

3.菜单栏

菜单栏包括文件、编辑、视图、插入、格式、工具、绘图、标注、修改、参数、窗口、帮助 12 个主菜单，如图 1-20 所示。

默认情况下，在"草图与注释""三维基础""三维建模"工作空间是不显示菜单栏的，若要显示菜单栏，可以在快速访问工具栏单击下拉按钮，在弹出的快捷菜单中选择"显示菜单栏"命令，则可以显示菜单栏。

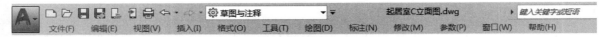

图 1-20

4. 功能区

在 AutoCAD 中，功能区在菜单栏的下方，其包含功能区选项板和功能区按钮。功能区按钮主要是执行命令的简便工具，利用功能区按钮既可以完成绘图中的大量操作，还省去了烦琐的步骤，从而可以提高效率，如图 1-21 所示。

图 1-21

5. "文件"选项卡

"文件"选项卡位于功能区下方，默认新建选项卡会以 Drawing1 的形式显示。单击"新图形"按钮 ，可快速创建一份空白文件，命名为 Drawing2，如图 1-22 所示。

图 1-22

6. 绘图区

绘图区位于用户界面的正中央，即工具栏和命令行中间的整个区域，此区域是用户的工作区域，图形的设计与修改工作就是在此区域内进行的。缺省状态下绘图区是一个无限大的电子屏幕，无论尺寸多大或多小的图形，都可以在绘图区中绘制和灵活显示，如图 1-23 所示。

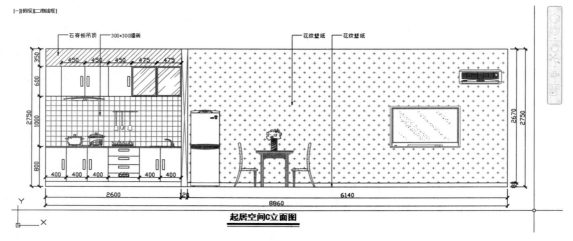

图 1-23

AutoCAD 2020 室内设计课堂实录

绘图窗口包含坐标系、十字光标和导航盘等，一个图形文件对应一个绘图区，所有的绘图结果都将反映在这个区域。用户可根据需要利用"缩放"命令来控制图形的显示大小，也可关闭周围的工具栏，以增加绘图空间，或者在全屏模式下显示绘图窗口。

7. 命令行

命令行是通过键盘输入的命令显示 AutoCAD 的信息。用户在菜单和功能区执行的命令同样也会在命令行显示，如图 1-24 所示。一般情况下，命令行位于绘图区的下方，用户可使用鼠标拖动命令行，使其处于浮动状态，或者更改其大小。

图 1-24

> **知识点拨**
>
> 命令行也能作为文本窗口的形式显示命令。文本窗口是记录 AutoCAD 历史命令的窗口，按 F2 键可以打开文本窗口，该窗口中显示的信息和命令行显示的信息一致，便于快速访问和复制完整的历史记录。

8. 状态栏

状态栏用于显示当前的状态。在状态栏的最左侧有"模式"和"布局"两个绘图模式，单击鼠标左键进行模式的切换。状态栏主要包含用于显示光标的坐标轴、控制绘图的辅助功能按钮、控制图形状态的功能按钮等，如图 1-25 所示。

图 1-25

1.4 AutoCAD 绘图基本操作

图形文件的基本操作是绘制图形过程中必须掌握的知识要点。图形文件的操作包括创建新图形文件、打开文件、保存文件、关闭文件等。

ACAA课堂笔记

1.4.1 图形文件的管理

启动 AutoCAD 软件后，系统会默认打开"开始"界面。在此界面可新建空白文件、打开文件、打开图纸集、打开最近使用的文件等，如图 1-26 所示。

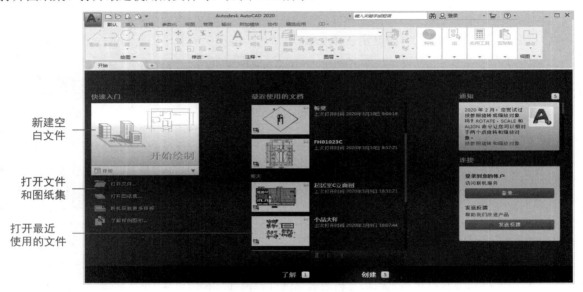

新建空白文件

打开文件和图纸集

打开最近使用的文件

图 1-26

1. 新建文件

用户可通过以下方法创建新的图形文件。

◎ 单击"菜单浏览器"按钮 **A**，在打开的列表中执行"新建"|"图形"命令。

◎ 在菜单栏中，执行"文件"|"新建"命令，或按 Ctrl+N 组合键。

◎ 单击快速访问工具栏的"新建"按钮 。

◎ 在"文件"选项卡右侧单击"新图形"按钮 。

◎ 在命令行中输入"NEW"命令并按回车键。

执行以上任意一种方法，打开"选择样板"对话框，从文件列表中选择所需样板，单击"打开"按钮即可创建新的图形文件，如图 1-27 所示。

图 1-27

2. 打开文件

打开图形文件的常用方法有以下几种。

◎ 单击"菜单浏览器"按钮，在打开的列表中执行"打开"|"图形"命令。

◎ 在菜单栏中，执行"文件"|"打开"命令，或按 Ctrl+O 组合键。

◎ 在命令行中输入"OPEN"命令并按回车键。

◎ 双击 AutoCAD 图形文件。

打开"选择文件"对话框，在其中选择需要打开的文件，在对话框右侧的"预览"窗口中可以预先查看所选择的图像，单击"打开"按钮，即可打开图形，如图 1-28 所示。

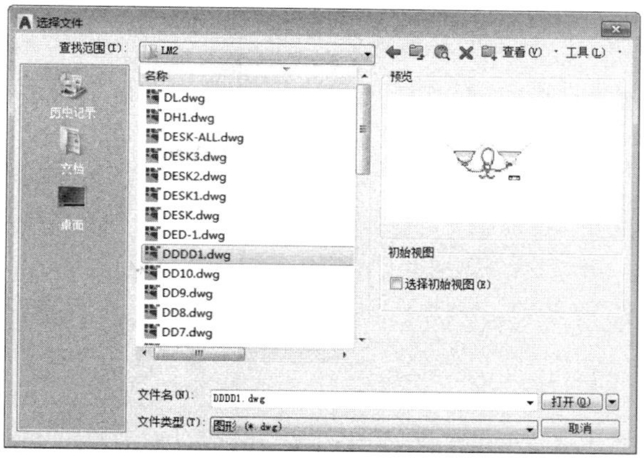

3. 保存文件

绘制或编辑完图形后，要对文件进行保存操作，以避免因失误导致没有保存文件。用户可以直接保存文件，也可以进行另存为文件。

（1）保存新建文件。用户可通过以下方法进行保存文件。

◎ 单击"菜单浏览器"按钮，在弹出的菜单中执行"保存"|"图形"命令。

◎ 在菜单栏中，执行"文件"|"保存"命令，或按 Ctrl+S 组合键。

◎ 单击快速访问工具栏的"保存"按钮📙。

◎ 在命令行中输入"SAVE"命令并按回车键。

执行以上任意一种操作，打开"图形另存为"对话框，如图 1-29 所示。命名图形文件后单击"保存"按钮即可保存文件。

（2）另存为文件。如果用户需要重新命名文件名称或者更改路径，就需要另存为文件。通过以下方法可执行另存为文件操作。

◎ 单击"菜单浏览器"按钮，在弹出的列表中执行"另存为"|"图形"命令。

◎ 在菜单栏中，执行"文件"|"另存为"命令。

◎ 单击快速访问工具栏的"另存为"按钮📙。

图 1-28

图 1-29

知识点拨

在"文件"选项卡中，用户也可进行文件的新建、打开和保存操作。选中所需文件标签，单击鼠标右键，在打开的快捷列表中，根据需要执行"新建""打开""保存""另存为"操作，如图 1-30 所示。

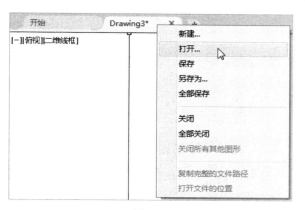

图 1-30

1.4.2 命令调用的方法

调用命令的方法有很多种，常用的方式包括以下 3 种。

◎ 使用命令行

对于精通 AutoCAD 软件的用户来说，这种方式是最便捷的。在命令行中只需输入命令名，按回车键即可调用该命令。例如执行"直线"命令，只需输入"LINE"或者"L"（命令缩写），再按回车键即可。

命令行提示如下：

命令：L（输入"直线"命令名，按回车键）
LINE
指定第一个点：（在绘图区中指定线段的起点）
指定下一点或 [放弃 (U)]：（指定线段的端点，按回车键，结束"直线"命令）
指定下一点或 [退出 (E)/ 放弃 (U)]：

在命令行中，无论是输入快捷命令、尺寸数字或其他字母，在输入完成后都需要按回车键或者空格键确认，否则所输入的内容无效。

◎ 使用功能区面板

对于 AutoCAD 初学者来说，使用命令行方式会有些困难。那么就可以在功能区中调用相关的命令。同样以调用"直线"命令为例，只需在功能区中的"默认"选项卡的"绘图"面板中，单击"直线"按钮即可调用，如图 1-31 所示。

图 1-31

◎ 使用菜单栏

除以上两种方式外，用户还可使用菜单栏进行命令的调用。在菜单栏中执行"绘图"|"直线"命令，同样也可调用该命令，如图 1-32 所示。

在命令使用过程中，用户可按 Esc 键终止当前命令操作。命令终止后，按空格键或者回车键，可重复执行上一次命令。

图 1-32

注意事项

按 Ctrl+Z 组合键可撤销上一步操作，连续按 Ctrl+Z 组合键，可撤销多步操作，按 Ctrl+Y 组合键可恢复被撤销的内容。

1.4.3 绘图界限的设置

绘图界限是指在绘图区中设定的有效区域。在实际绘图过程中，如果没有设定绘图界限，那么 AutoCAD 系统对绘图范围将不作限制，但在打印和输出过程中会增加难度。通过以下方法可进行设置绘图界限操作。

◎ 在菜单栏中，执行"格式"|"图形界限"命令。
◎ 在命令行中输入"LIMITS"命令并按回车键。

1.4.4 绘图单位的设置

通常在绘图前，需要对绘图单位进行设定，以保证图形的准确性。在菜单栏中执行"格式"|"单位"命令，或在命令行中输入"UNITS"命令并按回车键，即可打开"图形单位"对话框，从中可对绘图单位进行设置，如图1-33所示。

图 1-33

1. "长度"选项组

在"类型"下拉列表中可以设置长度单位；在"精度"下拉列表中可对长度单位的精度进行设置。

2. "角度"选项组

在"类型"下拉列表中可设置角度单位，在"精度"下拉列表中可对角度单位的精度进行设置。勾选"顺时针"复选框后，图像以顺时针方向旋转，若不勾选，图像则以逆时针方向旋转。

3. "插入时的缩放单位"选项组

缩放单位是用于插入图形后的测量单位，默认状态下为"毫米"，一般不做改动，用户也可单击其下拉三角按钮，设置其他缩放单位。

4. "光源"选项组

光源单位是指光源强度的单位，其中包括国际、美国、常规选项。

5. "方向"按钮

图 1-34

"方向"按钮在"图形单位"对话框的下方。单击"方向"按钮可打开"方向控制"对话框，如图1-34所示。默认基准角度为"东"，用户也可设置测量角度的起始位置。

1.4.5 显示工具的设置

在绘图前，用户也可根据自己的绘图习惯，提前设置好一些显示工具。例如，自动捕捉标记的大小、靶框的大小、拾取框的大小、十字光标的大小等。用户可在命令行中输入"OP"命令并按回车键，在打开的"选项"对话框中进行更改。

1. 更改自动捕捉标记大小

在"选项"对话框中，单击"绘图"选项卡，在"自动捕捉标记大小"选项组中，按住鼠标左键拖动滑块到满意位置，单击"确定"按钮即可，如图1-35所示。

2. 更改外部参照显示

更改外部参照显示是用来控制所有DWG外部参照的淡入度。在"选项"对话框中单击"显示"选项卡，在"淡入度控制"选项组中输入淡入度数值，或直接拖动滑块即可修改外部参照的淡入度，如图1-36所示。

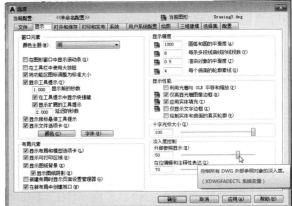

图 1-35　　　　　　　　　　　　　　　　　　　图 1-36

3. 更改靶框的大小

靶框，即在绘制图形时十字光标的中心位置。在"绘图"选项卡的"靶框大小"选项组中拖动滑块可以设置大小，靶框大小会随着滑块的拖动而改变，在左侧可以预览。设置完成后，单击"确定"按钮即可。如图 1-37、图 1-38 所示为靶心大小的设置。

图 1-37　　　　　　　　　　　图 1-38

4. 更改拾取框的大小

十字光标在未绘制图形时的中心位置为拾取框，设置拾取框的大小便于快速地拾取物体。在"选项"对话框的"选择集"选项卡中可设置拾取框大小。在"拾取框大小"选项组中拖动滑块后单击"确定"按钮即可。

5. 更改十字光标的大小

十字光标有效值的范围为 1% ～ 100%，其尺寸可延伸到屏幕边缘，当数值在 100% 时可以辅助绘图。用户可在"显示"选项卡的"十字光标大小"选项组中输入数值进行设置，也可拖动滑块设置十字光标的大小。如图 1-39、图 1-40 所示为十字光标的大小调整效果。

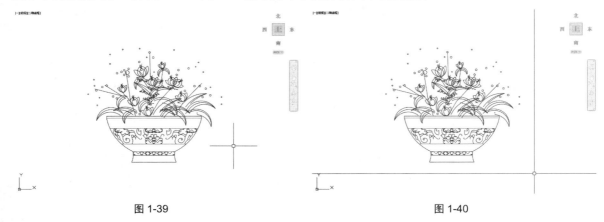

图 1-39　　　　　　　　　　　　　　　　　　图 1-40

实例：设置绘图比例

绘图比例指的是出图比例，其设置关键在于依据当前图纸的单位来指定合适的比例。下面具体介绍一下绘图比例的设置方法，其操作步骤如下。

Step01 单击 AutoCAD 状态栏右侧的"注释比例"下拉按钮，在弹出的列表中单击"自定义"选项，如图 1-41 所示。

Step02 系统会打开"编辑图形比例"对话框，单击"添加"按钮，如图 1-42 所示。

Step03 打开"添加比例"对话框，输入比例名称和比例特性数值，如图 1-43 所示。

Step04 单击"确定"按钮，返回"编辑图形比例"对话框，在该对话框中可以看到添加的比例，单击"确定"按钮即可完成绘图比例的设置，如图 1-44 所示。

Step05 单击"注释比例"下拉按钮，此时可以看到在列表中增加了新创建的比例，选择新创建的绘图比例即可。

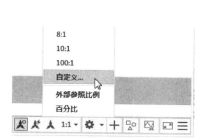

图 1-41

图 1-42

图 1-43

图 1-44

■ 1.4.6 选择对象的方法

在进行图形编辑操作时，肯定要选择图形。在 AutoCAD 中，图形选取有多种方法，如逐个选取、框选、快速选取以及编组选取等。

ACAA课堂笔记

1. 逐个选取

当需要选择某个对象时，用户可在绘图区中直接单击该对象，当图形四周出现夹点形状时，即被选中，当然也可进行多选，如图 1-45、图 1-46 所示。

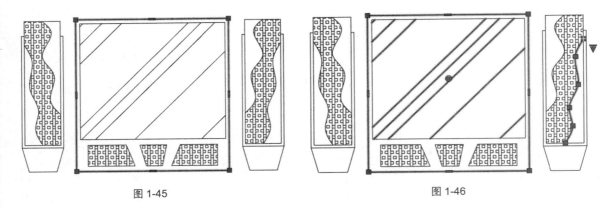

图 1-45   图 1-46

2. 框选

除了逐个选取的方法之外，还可以进行框选。框选的方法较为简单，在绘图区中，按住鼠标左键拖动鼠标，直到所选择的图形对象已在虚线框内，松开鼠标，即可完成框选。

框选方法分为 2 种：从右至左框选和从左至右框选。当从右至左框选时，在图形中所有被框选的对象以及与框选边界相交的对象都会被选中，如图 1-47、图 1-48 所示。

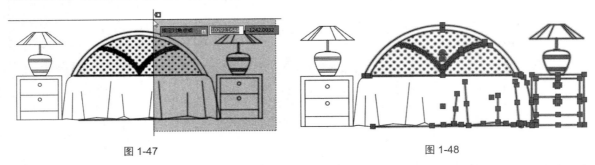

图 1-47   图 1-48

当从左至右框选时，所框选图形全部被选中，但与框选边界相交的图形对象则不会被选中，如图 1-49、图 1-50 所示。

图 1-49   图 1-50

3. 围选

使用围选方式选择图形，其灵活性较大。它可通过不规则图形围选所需图形。围选的方式可分为圈选和圈交 2 种。

（1）圈选。是一种多边形窗口选择方法，其操作与框选的方式相似。用户在要选择图形任意位置指定一点，其后在命令行中输入"WP"命令并按回车键，同时在绘图区中指定其他拾取点，通过不同的拾取点构成任意多边形而在该多边形内的图形将被选中，选择完成后，按回车键即可，如图 1-51、图 1-52 所示。

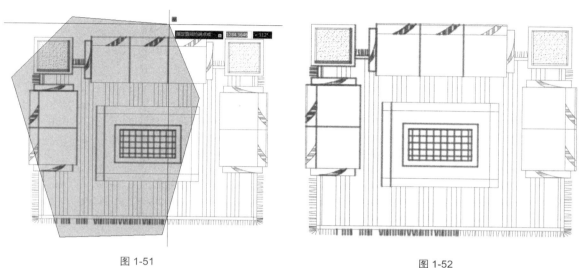

图 1-51   图 1-52

（2）圈交。与窗交方式相似，以绘制一个不规则的封闭多边形作为交叉窗口来选择图形对象。完全包围在多边形中的图形和与多边形相交的图形都将被选中。用户只需在命令行中输入"CP"命令并按回车键，即可进行选取操作，如图 1-53、图 1-54 所示。

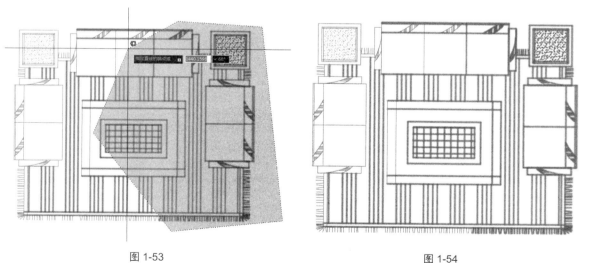

图 1-53   图 1-54

4. 快速选取

快速选取图形可使用户快速选择具有特定属性的图形对象，如相同的颜色、线型、线宽等。根据图形的图层、颜色等特性创建选择集。

用户可在绘图区空白处，单击鼠标右键，在打开的快捷菜单中选择"快速选择"命令，即可打开"快速选择"对话框进行快速选择设置。

注意事项

用户在选择图形过程中，可随时按 Esc 键，终止对目标图形的选择操作，并放弃已选中的目标。在 AutoCAD 中，如果没有进行任何编辑操作时，按 Ctrl+A 组合键，可选择绘图区中的全部图形。

■ 课堂实战　设置绘图背景颜色和鼠标右键的功能

默认状态下，启动 AutoCAD 后绘图区背景颜色为黑色，如果用户想要对其颜色进行更改，可通过"选项"对话框进行设置。在该对话框中，也可对鼠标右键功能进行自定义设置，从而方便用户绘制操作。

Step01 启动 AutoCAD，在绘图区域中单击鼠标右键，在弹出的快捷菜单中选择"选项"命令，如图 1-55 所示。

Step02 系统将弹出"选项"对话框，在"显示"选项卡中，单击"窗口元素"选项区的"颜色"按钮，如图 1-56 所示。

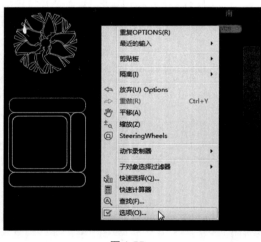

图 1-55

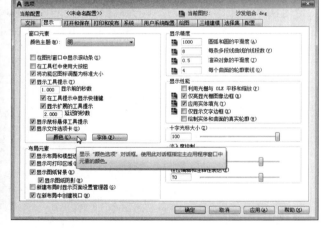

图 1-56

Step03 在打开的"图形窗口颜色"对话框中，单击"颜色"下拉按钮，并选择需要替换的颜色，如图 1-57 所示。

Step04 在"预览"窗口中会显示预览效果，设置完成后，单击"应用并关闭"按钮，如图 1-58 所示。

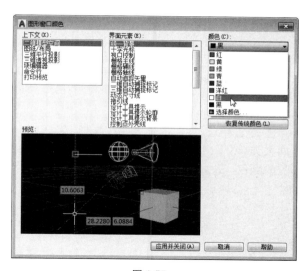

图 1-57

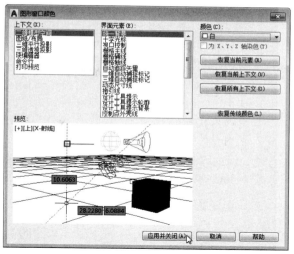

图 1-58

Step05 返回"选项"对话框，在"用户系统配置"选项卡中，单击"自定义右键单击"按钮，如图 1-59 所示。

Step06 打开"自定义右键单击"对话框，在"默认模式"选项组中选中"重复上一个命令"单选按钮，如图 1-60 所示。然后单击"应用并关闭"按钮，返回上一级对话框，单击"确定"按钮即可完成相关设置。

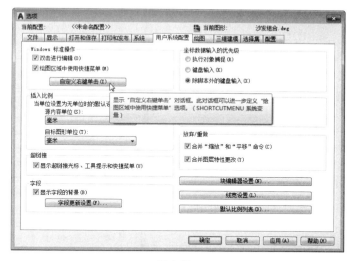

图 1-59

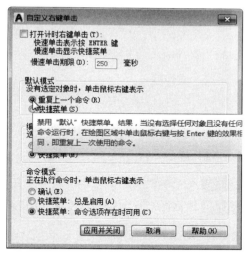

图 1-60

■ 课后作业

为了让读者能够更好地掌握本章所学的知识内容，下面将安排一些ACAA认证考试的模拟试题，让读者对所学的知识进行巩固和练习。

一、填空题

1. 室内设计的基本原则，分别是_____、_____、_____、_____。
2. 室内设计按照行业分类可分为_____、_____两大类。
3. _____是指室内地面、墙面、天花板等大块面积的颜色，决定整个空间的基本色。
4. AutoCAD命令调用的方法有_____、_____和_____。

二、选择题

1. 下列选项中，（　　　）不属于室内空间类型？
   A. 封闭空间　　　　　　　　　　B. 动态空间
   C. 下沉空间　　　　　　　　　　D. 虚幻空间
2. 西方室内风格也就是人们常说的（　　　）。
   A. 复古式　　　　　　　　　　　B. 古典式
   C. 新古典式　　　　　　　　　　D. 欧式
3. 室内设计流派中崇尚机械美的是（　　　）。
   A. 重技派　　　　　　　　　　　B. 白色派
   C. 光亮派　　　　　　　　　　　D. 超现实派
4. 创建新图形"使用样板"时，符合中国技术制图标准的样板名代号是（　　　）。
   A. Gb　　　　　　　　　　　　　B. Din
   C. Ansi　　　　　　　　　　　　D. Jis

三、操作题

1. 设置绘图界限
本实例将通过设置绘图界限的操作，来控制绘图范围。

操作提示：

Step01 在菜单栏中，执行"格式"|"图形界限"命令。

Step02 根据命令行中的提示，输入图形绘制范围参数（42000；297000）。

2. 扩大绘图区域
本实例将通过功能区中的"最小化为"按钮功能，扩大绘图区，效果如图1-61所示。

图1-61

操作提示：

Step01 单击一次"最小化为"按钮，即可缩小功能面板。

Step02 再次单击该按钮，即可隐藏功能区。

第〈2〉章 —————————

辅助绘图知识

内容导读

在正式绘图之前，读者需要了解一些辅助绘图的基本操作，例如视图的显示方式、对象捕捉的各种设置方式、图层的设置管理等。熟练掌握这些辅助工具的应用，可提升读者的制图效率。本章将着重对 AutoCAD 常用的辅助工具进行介绍。

学习目标

 » 熟悉视图的显示控制

 » 掌握夹点的使用

 » 认识辅助功能

 » 熟悉图层的设置与管理

 » 掌握查询功能的使用

2.1 视图的显示控制

在绘制图形时，经常会将图形进行放大或缩小显示，这样操作主要是为了方便用户把控图形的整体效果。那么如何控制图形的显示呢？下面介绍具体的操作方法。

2.1.1 缩放视图

在绘制图形局部细节时，通常会选择放大视图，绘制完成后再利用"缩放工具"缩小视图，观察图形的整体效果。缩放图形可增加或减少图形的屏幕显示尺寸，但图形的尺寸保持不变，通过改变显示区域图形对象的大小，可以更准确、更清晰地进行绘制操作。用户可通过以下方式缩放视图。

◎ 在菜单栏中，执行"视图"|"缩放"|"放大/缩小"命令。

◎ 滚动鼠标滚轮（中键），就可以进行图形的放大或缩小。

◎ 在命令行中输入"ZOOM"命令并按回车键。

除此之外，在绘图区右侧工具栏中，单击"缩放范围"按钮，在打开的下拉列表中，还可进行其他的缩放操作，如"窗口缩放""实时缩放""中心缩放"等，如图 2-1 所示。

图 2-1

> **注意事项**
>
> 滚动鼠标滚轮时，向上滚动滚轮，图形则为放大显示；向下滚动滚轮，图形则为缩小显示。双击滚轮，此时图形会全屏显示。

2.1.2 平移视图

当图形的位置不利于用户观察和绘制时，可平移视图，将图形平移到合适的位置。使用平移图形命令可重新定位图形，方便查看。平移视图操作不改变图形的比例和大小，只改变位置。用户可通过以下方式平移视图。

◎ 在菜单栏中，执行"视图"|"平移"|"左"命令（也可以选择上、下或右方向）。

◎ 在命令行中输入"PAN"命令并按回车键。

◎ 按住鼠标滚轮进行拖动。

◎ 单击绘图区右侧工具栏中的"平移"按钮。

执行以上任何一项操作后，光标会变成小手图标，此时即可对视图进行平移操作。

2.2 设置与编辑夹点

当用户选中图形后，就会显示出相应的夹点。将光标移至某夹点上时，被选中的夹点会以红色显示，且这些夹点的属性是可以被设置的。同时用户也可利用夹点对图形进行一些简单的编辑操作。

■ 2.2.1 夹点的设置

在 AutoCAD 中用户可根据需要对夹点的大小、颜色等参数进行设置。在命令行中输入"OP"快捷命令，打开"选项"对话框，切换至"选择集"选项卡，在"夹点尺寸"选项组可设置夹点的大小，如图 2-2 所示，单击"夹点颜色"按钮，打开"夹点颜色"对话框，从中可设置夹点的颜色，如图 2-3 所示。

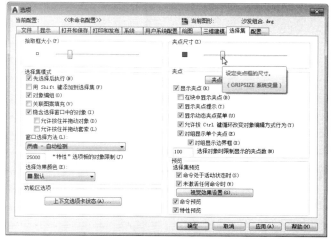

图 2-2

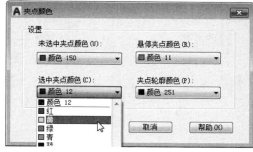

图 2-3

注意事项

在设置夹点大小时，夹点不必设置过大，因为过大的夹点，在选择图形时会妨碍操作，从而降低绘图速度。通常在作图时，夹点参数保持默认大小即可。

■ 2.2.2 利用夹点编辑图形

选择某图形对象后，用户可利用其夹点，对该图形进行编辑操作，例如拉伸、旋转、缩放、移动等。下面分别对其操作进行介绍。

1. 拉伸

当选择某图形对象后，单击其中任意一夹点，即可将该图形进行拉伸，如图 2-4、图 2-5、图 2-6 所示。

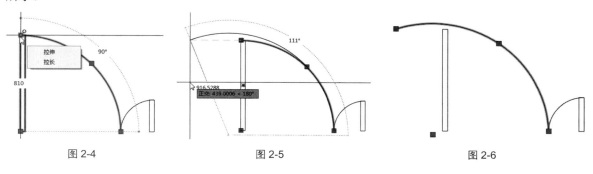

图 2-4　　　　　　　　　图 2-5　　　　　　　　　图 2-6

2. 旋转

旋转是将所选择的夹点作为旋转基准点，进行旋转设置。将光标移动到图形所需旋转的夹点上，当该夹点为红色状态时，单击鼠标右键，选择"旋转"选项，然后输入旋转角度即可，如图2-7、图2-8、图2-9所示。

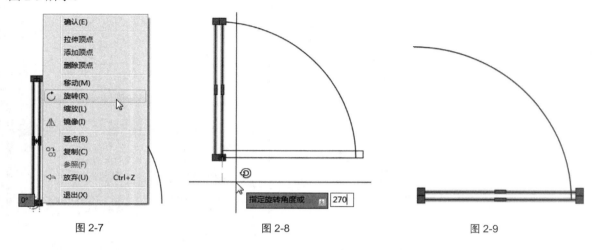

图 2-7　　　　　　　　　　图 2-8　　　　　　　　　　图 2-9

3. 缩放

选中需要缩放的图形，并单击缩放夹点，当该夹点为红色状态时，单击鼠标右键，选择"缩放"选项，在命令行中输入缩放值，按回车键即可。

实例：利用夹点缩放盆栽图形

下面利用夹点缩放功能，对图形进行缩放操作，具体操作步骤介绍如下。

Step01 打开本书配套的素材文件，如图2-10所示。

Step02 选中盆栽图形，将光标移动到其中一个夹点上，夹点会变成红色，如图2-11所示。

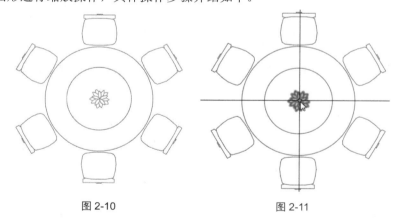

图 2-10　　　　　　　　　　图 2-11

> **注意事项**
>
> 在使用夹点编辑图形时，无论是进行缩放、旋转还是拉伸操作，都必须先选中该夹点，当夹点变成红色后再进行相应的编辑操作。

Step03 单击鼠标右键，在打开的快捷菜单中选择"缩放"选项，如图 2-12 所示。

Step04 根据命令行的提示，输入缩放比值"2"，如图 2-13 所示。

Step05 按回车键完成盆栽的缩放操作，效果如图 2-14 所示。

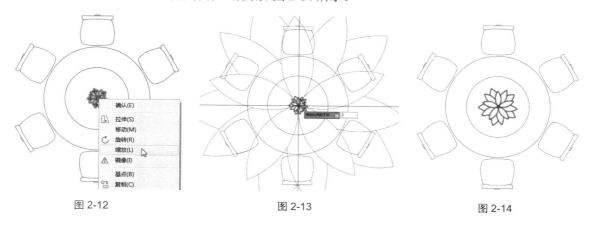

图 2-12   图 2-13   图 2-14

4. 移动

移动的方法与以上操作步骤相似。单击所需图形移动的夹点，当其为红色状态时，单击鼠标右键，选择"移动"选项，并在命令行中输入移动距离或捕捉新位置即可。

2.3 辅助功能的使用

为了保证绘图的准确性，用户可利用状态栏中的栅格显示、捕捉模式、极轴追踪、对象捕捉、正交模式等辅助工具来精确绘图。

■ 2.3.1 栅格功能

栅格显示即指在屏幕上显示按指定行间距和列间距排列的栅格点，就像在屏幕上铺了一张坐标纸，利用栅格可以对齐对象并直观地显示对象之间的距离。因此可方便用户的绘图过程。在输出图纸的时候是不打印栅格的。

1. 显示栅格

栅格是一种可见的位置参考图标，利用栅格可以对齐对象并直观显示对象之间的距离，起到坐标纸的作用。用户可使用以下方式显示和隐藏栅格。

◎ 在状态栏中单击"显示图形栅格"按钮 ⊞。

◎ 按 Ctrl+G 组合键，或按 F7 键。

2. 设置栅格

在默认状态下，栅格显示为直线的矩形图案。在"草图设置"对话框中，可以对栅格的显示样式进行更改。用户可通过以下方式打开"草图设置"对话框。

◎ 在菜单栏中执行“工具”|“绘图设置”命令。

◎ 在状态栏中单击“捕捉模式”按钮，在弹出的列表中选择“捕捉设置”选项。

◎ 在命令行中输入“DS”命令并按回车键。

打开“草图设置”对话框，勾选“启用栅格”复选框，即可启动栅格状态，如图2-15所示。在“栅格间距”选项中，用户可设置栅格之间的间距值。

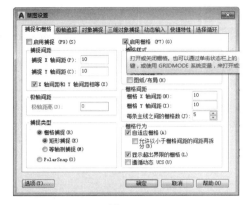

图 2-15

知识点拨

栅格捕捉包括矩形捕捉和等轴测捕捉，矩形捕捉主要是在平面图上进行绘制，是常用的捕捉模式。等轴测捕捉是在绘制轴测图时使用。等轴测捕捉可帮助用户创建表现三维对象的二维对象。通过设置可以很容易地沿三个等轴测平面之一对齐对象。

2.3.2 对象捕捉功能

在绘图中需要确定某一点的具体位置，只凭肉眼是很难准确确认位置的，那么用户就可利用“对象捕捉”功能来实现。对象捕捉分为自动捕捉和临时捕捉两种。临时捕捉主要通过“对象捕捉”工具栏实现。在菜单栏中执行“工具”|“工具栏”|AutoCAD|“对象捕捉”命令，打开“对象捕捉”工具栏，如图2-16所示。

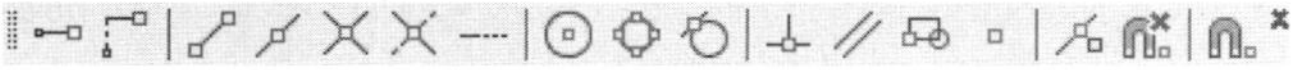

图 2-16

在执行自动捕捉操作前，需要设置对象的捕捉点。当鼠标通过这些设置过的特殊点时，就会自动捕捉这些点。用户可通过以下方式打开或关闭对象捕捉模式。

◎ 单击状态栏中的“对象捕捉”按钮。

◎ 按F3键进行切换。

对象捕捉模式开启后，用户可根据需要选择所需捕捉方式，如图2-17所示。同样在“草图设置”对话框的“对象捕捉”选项卡中也可以进行选择，如图2-18所示。

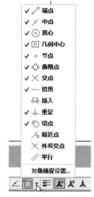

图 2-17

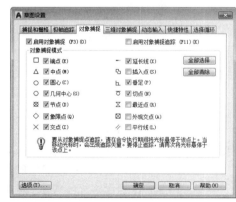

图 2-18

实例：利用椭圆绘制菱形

下面利用对象捕捉功能绘制一个菱形，其具体操作步骤如下。

Step01 在“默认”选项卡的“绘图”选项组中，单击“圆心”按钮，随意绘制一个椭圆形，如图2-19所示。

Step02 在状态栏右键单击"对象捕捉"图标，在打开的快捷菜单中选择"对象捕捉设置"选项，如图2-20所示。

Step03 打开"草图设置"对话框，在"对象捕捉"选项卡中勾选"启用对象捕捉"复选框，再设置对象捕捉点，这里勾选"象限点"复选框，再单击"确定"按钮关闭对话框，如图2-21所示。

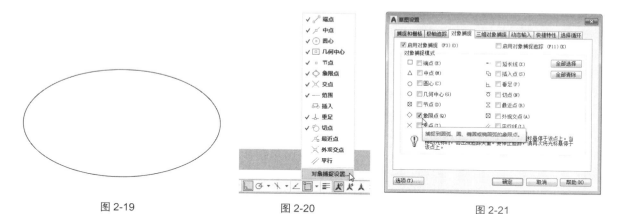

图 2-19 　　　　　　　图 2-20 　　　　　　　图 2-21

Step04 执行"直线"命令，将光标移动到椭圆形左侧边线上，捕捉象限点，如图2-22所示。

Step05 向上移动光标，继续捕捉其他三个象限点进行绘制，如图2-23所示。

Step06 删除椭圆形，完成菱形的绘制，如图2-24所示。

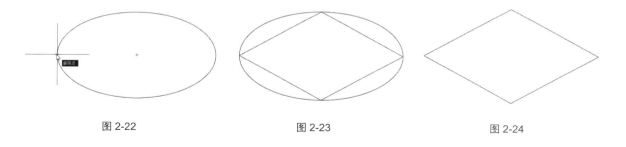

图 2-22 　　　　　　　图 2-23 　　　　　　　图 2-24

■ 2.3.3 极轴追踪功能

在绘制图形时，如果遇到倾斜的线段，需要输入极坐标，这样就很麻烦。许多图纸中的角度都是固定角度，为了避免输入坐标这一问题，就需要使用极轴追踪的功能。在极轴追踪中可设置极轴追踪的类型和极轴角测量等。用户可通过以下方式启用极轴追踪模式。

◎ 在状态栏单击"极轴追踪"按钮 ⟳ 。

◎ 打开"草图设置"对话框，勾选"启用极轴追踪"复选框。

◎ 按F10键进行切换。

极轴追踪包括极轴角设置、对象捕捉追踪设置、极轴角测量等，在"极轴追踪"选项卡中可设置以上功能。各选项组的功能作用介绍如下。

1. 极轴角设置

"极轴角设置"选项组包括"增量角"和"附加角"选项。用户可在"增量角"下拉列表中选择具体角度，如图2-25所示。也可在"增量角"复选框内输入任意数值，如图2-26所示。

图 2-25　　　　　　　　　　　　　图 2-26

附加角是对象轴追踪使用列表中的任意一种附加角度，起辅助作用。当绘制角度的时候，如果是附加角设置的角度就会有提示。"附加角"复选框同样受 POLARMODE 系统变量控制。

2．对象捕捉追踪设置

"对象捕捉追踪设置"选项组包括"仅正交追踪"和"用所有极轴角设置追踪"选项，具体介绍如下。

◎ "仅正交追踪"是追踪对象的正交路径，也就是对象 X 轴和 Y 轴正交的追踪。当"对象捕捉"打开时，仅显示已获得的对象捕捉点的正交对象捕捉追踪路径。

◎ "用所有极轴角设置追踪"是指光标从获取的对象捕捉点起沿极轴对齐角度进行追踪。该选项对所有的极轴角都进行追踪。

3．极轴角测量

"极轴角测量"选项组包括"绝对"和"相对上一段"选项。"绝对"是根据当前用户坐标系 UCS 确定极轴追踪角度。"相对上一段"是根据上一段绘制线段确定极轴追踪角度。

实例：利用极轴追踪绘制等腰直角三角形

本案例利用极轴追踪功能绘制一个等腰直角三角形，其具体操作步骤如下。

Step01 在状态栏右键单击"极轴追踪"图标，在弹出的快捷菜单中单击"正在追踪设置"选项，如图 2-27 所示。

Step02 打开"草图设置"对话框的"极轴追踪"选项卡，勾选"启用极轴追踪"复选框，设置"增量角"为 45°，如图 2-28 所示。

Step03 勾选"附加角"复选框，再单击"新建"按钮，输入"90"，如图 2-29 所示。

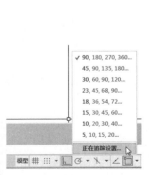

图 2-27　　　　　　　　　　图 2-28　　　　　　　　　　图 2-29

AutoCAD 2020 室内设计课堂实录

Step04 设置完毕关闭对话框，执行"直线"命令，指定任意一点为起点进行绘制，移动光标至45°角时，绘图区中会出现辅助线，如图 2-30 所示，然后在命令行中输入"400"。

Step05 向下移动光标，当移动至与直线垂直 90°时会出现辅助线，如图 2-31 所示。

Step06 继续输入长度为"400"，最后封闭图形，完成等腰直角三角形的绘制，如图 2-32 所示。

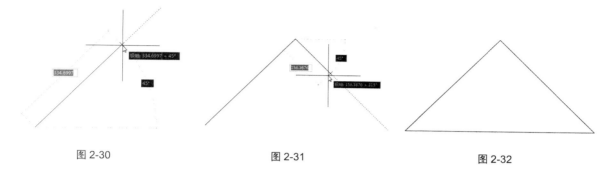

图 2-30   图 2-31   图 2-32

■ 2.3.4　正交模式

正交模式是在任意角度和直角之间进行切换，在约束线段为水平或垂直的时候可使用正交模式。绘图时若同时打开该模式，则只需输入线段的长度值，AutoCAD 就会自动绘制出水平或垂直的线段。用户可通过以下方式打开正交模式。

◎ 单击状态栏中的"正交模式"按钮 ∟。

◎ 按 F8 键进行切换。

2.4 图层的设置与管理

图层相当于绘图中使用的重叠图纸，一个完整的图形通常由多个图层组成。AutoCAD 将线型、线宽、颜色等作为图形对象的基本特征，图层就通过这些特征来管理图形，而所有的图层都显示在"图层特性管理器"中。用户可通过以下方法打开"图层特性管理器"。

◎ 在菜单栏中执行"格式"|"图层"命令。

◎ 在"默认"选项卡的"图层"面板中，单击"图层特性"按钮。

◎ 在命令行中输入"LAYER"命令并按回车键。

■ 2.4.1　创建图层

在绘制图形时，用户可根据需要创建图层，将不同的图形对象放置在不同的图层上，从而有效地管理图层。默认状态下，"图层特性管理器"中始终会有一个"图层 0"，如图 2-33 所示。新建图层后，新图层名称将会以"图层 1"命名，如图 2-34 所示。用户可通过以下方式新建图层。

◎ 在"图层特性管理器"中单击"新建图层"按钮。

◎ 在图层列表中单击鼠标右键，在弹出的快捷菜单中单击"新建图层"选项。

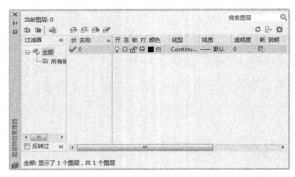

图 2-33 图 2-34

■ 2.4.2 设置图层

为了区别各个图层，用户需要在新建图层后，对图层设置不同的颜色、线型、线宽。这些设置需要在"图层特性管理器"中进行，下面将对其进行详细介绍。

1. 颜色的设置

在"图层特性管理器"对话框中单击颜色图标 ■白，打开"选择颜色"对话框，其中包含 3 个颜色选项卡，即"索引颜色""真彩色""配色系统"。用户可在这 3 个选项卡中选择需要的颜色，如图 2-35 所示。

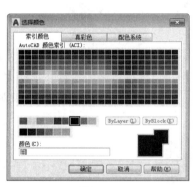

图 2-35

2. 线型的设置

线型分为虚线和实线，在建筑绘图中，轴线以虚线的形式表现，墙体则以实线的形式表现。用户可通过以下方式设置线型。

在"图层特性管理器"对话框中单击"线型"图标 Continuous，打开"选择线型"对话框，单击"加载"按钮，如图 2-36 所示。打开"加载或重载线型"对话框，选择需要的线型，单击"确认"按钮，如图 2-37 所示。

图 2-36

图 2-37

ACAA课堂笔记

返回"选择线
型"对话框，选择
新添加的线型，单
击"确定"按钮，
如图 2-38 所示。随
后在"图层特性管
理器"对话框中就
会显示选择后的线
型，如图 2-39 所示。

图 2-38

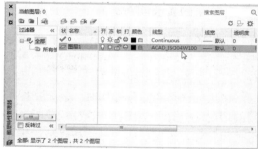

图 2-39

知识点拨

在设置好线型后，其线型比例默认为 1，此时所绘制的线条无变化。用户可选中该线条，
在命令行中输入"CH"命令并按回车键，即可打开"特性"面板，在该面板中，选择"线型比例"
选项，可更改其比例值。

3. 线宽的设置

为了显示图形的作用，往往会把重要的图形用粗线宽表示，
辅助的图形用细线宽表示。所以线宽的设置也是必要的。

在"图层特性管理器"对话框中单击"线宽"图标—— **默认**，
打开"线宽"对话框，选择合适的线宽，单击"确定"按钮，如图 2-40
所示。返回"图层特性管理器"对话框，选项栏就会显示修改过
的线宽。

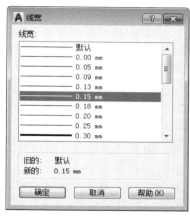

图 2-40

注意事项

有时在设置了图层线宽后，当前线宽却没有变化。此时
用户只需在该界面的状态栏中，单击"显示/隐藏线宽"按钮，
即可显示线宽。

■ 2.4.3 管理图层

在"图层特性管理器"对话框中，除了可以创建图层，修改颜色、线型和线宽之外，还可以管理图层。
下面详细介绍图层的管理操作。

1. 置为当前图层

在新建文件后，系统会在"图层特性管理器"对话框中将"图层 0"设置为默认图层，若用户需
要使用其他图层，就需要将其置为当前图层。用户可通过以下方式将图层置为当前图层。

◎ 双击图层名称，当图层状态显示箭头时，则置为当前图层。
◎ 单击图层，在对话框的上方单击"置为当前"按钮🗸。
◎ 选择图层，单击鼠标右键在弹出的快捷菜单中选择置为当前菜单。
◎ 在"图层"面板中单击下拉按钮，然后单击图层名。

第 2 章

辅助绘图知识

2. 图层的显示与隐藏

编辑图形时，由于图层比较多，选择也需要一定时间，这种情况下，用户可隐藏不需要的部分，只显示需要使用的图层。

在执行选择和隐藏操作时，需要把图形以不同的图层区分开。当图标按钮变成🔘时，图层处于关闭状态，该图层的图形将被隐藏；当图标按钮变成💡时，图层处于打开状态，该图层的图形则会显示。如图 2-41 所示"图层 1"为关闭状态。用户可通过以下方式显示和隐藏图层。

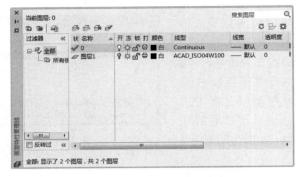

图 2-41

◎ 在"图层特性管理器"对话框中单击图层💡按钮。

◎ 在"图层"面板中单击下拉按钮，然后单击开关图层按钮。

◎ 在"默认"选项卡的"图层"面板中单击📌按钮，根据命令行的提示，选择一个实体对象，即可隐藏图层；单击📌按钮，则可显示图层。

3. 图层的锁定与解锁

当图层中的图标按钮变成🔓时，表示图层处于解锁状态；当图标按钮变为🔒时，表示图层已被锁定。锁定相应图层后，用户不可以修改位于该图层上的图形对象。如图 2-42 所示部分图层处于锁定状态，其他则是解锁状态。用户可通过以下方式锁定和解锁图层。

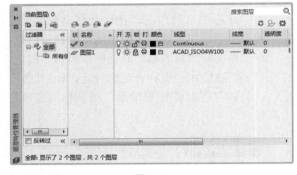

图 2-42

◎ 在"图层特性管理器"对话框中单击🔓按钮。

◎ 在"图层"面板中单击下拉按钮，然后单击🔓按钮。

◎ 在"默认"选项卡的"图层"面板中单击📌按钮，根据命令行提示，选择一个实体对象，即可锁定图层；单击📌按钮，则可解锁图层。

4. 合并图层

如果在"图层特性管理器"对话框中存在许多相同样式的图层，用户可将这些图层合并到一个指定的图层中，方便管理。

5. 图层匹配

"图层匹配"是将选择对象更改至目标图层上，使其处于相同图层。

6. 隔离图层

隔离图层是指除隔离图层之外的所有图层隐藏，只显示隔离图层上的对象。在"默认"选项卡中的"图层"面板中单击"隔离"按钮🔲，选择要隔离的图层上的对象并按回车键，图层就会被隔离出来，未被隔离的图层将会被隐藏，不可以进行编辑和修改。单击"取消隔离"按钮🔲，图层将被取消隔离。

2.5 查询功能的使用

灵活地利用查询功能，可以快速、准确地获取图形的数据信息。它包括距离查询、半径查询、角度查询、面积 / 周长查询、面域 / 质量查询等。

用户可通过以下方式调用"查询"命令。

◎ 在菜单栏中执行"工具"|"查询"命令。

◎ 在"默认"选项卡的"实用工具"面板中单击"测量"下拉按钮 ━━━━，在打开的下拉列表中，选择需要查询的选项。

■ 2.5.1 距离查询

距离查询是指查询两点之间的距离。在"实用工具"面板中，单击"测量"下拉按钮，选择"距离"选项 ━━，并根据命令行的提示指定点即可查询两点之间的距离，如图 2-43、图 2-44 所示。

命令行提示如下：

```
命令：_MEASUREGEOM
输入一个选项 [ 距离 (D)/ 半径 (R)/ 角度 (A)/ 面积 (AR)/ 体积 (V)/ 快速 (Q)/ 模式 (M)/ 退出 (X)] < 距离 >:_distance
指定第一点：（捕捉第 1 个测量点）
指定第二个点或 [ 多个点 (M)]:（捕捉第 2 个测量点）
距离 = 600.0000，XY 平面中的倾角 = 0，　与 XY 平面的夹角 = 0
X 增量 = 600.0000，　Y 增量 = 0.0000，　Z 增量 = 0.0000
输入一个选项 [ 距离 (D)/ 半径 (R)/ 角度 (A)/ 面积 (AR)/ 体积 (V)/ 快速 (Q)/ 模式 (M)/ 退出 (X)] < 距离 >:
指定第一点：* 取消 *
```

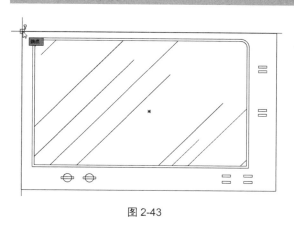

图 2-43

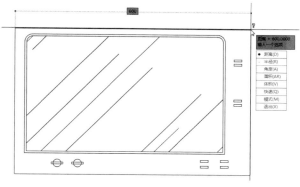

图 2-44

■ 2.5.2 半径查询

单击"测量"下拉按钮，选择"半径"选项 ◯，并根据命令行的提示指定所需的圆弧线段，即可查询该圆弧的半径和直径，如图 2-45、图 2-46 所示。

命令行提示如下：

```
命令：_MEASUREGEOM
输入一个选项 [ 距离 (D)/ 半径 (R)/ 角度 (A)/ 面积 (AR)/ 体积 (V)/ 快速 (Q)/ 模式 (M)/ 退出 (X)] < 距离 >:_radius
选择圆弧或圆：（指定圆弧）
```

半径 = 40.0000

直径 = 80.0000

输入一个选项 [距离 (D)/ 半径 (R)/ 角度 (A)/ 面积 (AR)/ 体积 (V)/ 快速 (Q)/ 模式 (M)/ 退出 (X)] < 半径 >:

选择圆弧或圆 : * 取消 *

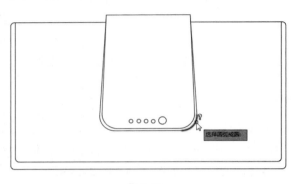

图 2-45

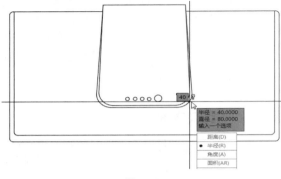

图 2-46

■ 2.5.3 角度查询

角度查询是指查询圆、圆弧、直线或顶点的角度。角度查询包括"查询两点虚线在 XY 平面内的夹角"和"查询两点虚线与 XY 平面内的夹角"。

单击"测量"下拉按钮,选择"角度"选项📐,并根据命令行的提示选择夹角的两条线段,即可查询到角度值。按 Esc 键可取消查询。

命令行提示如下:

命令 : _MEASUREGEOM

输入选项 [距离 (D)/ 半径 (R)/ 角度 (A)/ 面积 (AR)/ 体积 (V)] < 距离 >: _angle

选择圆弧、圆、直线或 < 指定顶点 >:(指定第 1 条夹角线段)

选择第二条直线 :(指定第 2 条夹角线段)

角度 = 148°

输入选项 [距离 (D)/ 半径 (R)/ 角度 (A)/ 面积 (AR)/ 体积 (V)/ 退出 (X)] < 角度 >: * 取消 *

■ 2.5.4 面积 / 周长查询

在 AutoCAD 中,使用面积命令可查询以若干个点为顶点的多边形区域,或由指定对象围成区域的面积和周长。对于一些本身是封闭的图形可以直接选择对象查询,对于由直线、圆弧等组成的非封闭图形,就需要把组成长图形的点连接起来,形成封闭路径进行查询。

单击"测量"下拉按钮,选择"面积"选项📐,并根据命令行的提示输入"area"命令,指定图形的顶点,然后捕捉下一个测量点,直到结束,按回车键即可查询出相应的面积和周长。

命令行提示如下:

命令 : _MEASUREGEOM

输入选项 [距离 (D)/ 半径 (R)/ 角度 (A)/ 面积 (AR)/ 体积 (V)] < 距离 >: _area

指定第一个角点或 [对象 (O)/ 增加面积 (A)/ 减少面积 (S)/ 退出 (X)] < 对象 (O)>:(选中第一个测量点)

指定下一个点或 [圆弧 (A)/ 长度 (L)/ 放弃 (U)]:(捕捉下一个测量点,直到结束)

指定下一个点或 [圆弧 (A)/ 长度 (L)/ 放弃 (U)]:

指定下一个点或 [圆弧 (A)/ 长度 (L)/ 放弃 (U)/ 总计 (T)] < 总计 >:
指定下一个点或 [圆弧 (A)/ 长度 (L)/ 放弃 (U)/ 总计 (T)] < 总计 >:
区域 = 562500.0000，周长 = 3000.0000
输入选项 [距离 (D)/ 半径 (R)/ 角度 (A)/ 面积 (AR)/ 体积 (V)/ 退出 (X)] < 面积 >: X

■ 课堂实战　为三居室平面图创建图层并测量面积

对于简单的图形，用户可在图形绘制完毕后，再归类图形所属的图层。下面以三居室平面图为例，为其创建图层并进行面积测量，其具体操作步骤如下。

Step01 打开本书配套的素材文件，如图 2-47 所示。

Step02 在"功能区"选项卡中单击"图层特性"按钮，打开"图层特性管理器"，单击"新建"按钮，新建图层 1，并将其重命名为"墙体"，如图 2-48 所示。

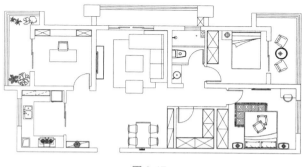

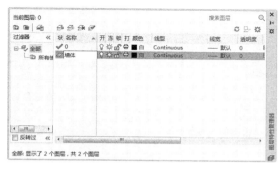

图 2-47　　　　　　　　　　　　　　　　　　图 2-48

Step03 按照同样的方法，创建"门窗""家具""植物"图层。双击"门窗"图层，将其设为当前层，如图 2-49 所示。

Step04 单击"门窗"图层的"颜色"设置按钮，打开"选择颜色"对话框，从中选择合适的颜色，如图 2-50 所示。

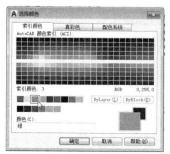

图 2-49　　　　　　　　　　　　　图 2-50

Step05 返回"图层特性管理器"，按照同样的方法，设置"家具"和"植物"图层的颜色，结果如图 2-51 所示。

Step06 单击墙体图层的线宽设置按钮，打开"线宽"对话框，选择"0.30mm"，如图 2-52所示。

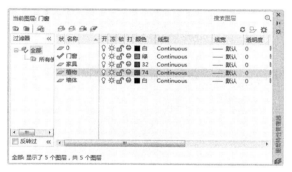

图 2-51　　　　　　　　　　　　　图 2-52

第 2 章

辅助绘图知识

Step07 设置完毕后关闭对话框和"图层特性管理器",返回绘图区,选中所有墙体线,然后在"图层"面板中单击"图层"下拉按钮,选择"墙体"图层,如图 2-53 所示。

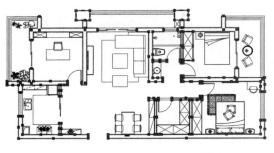

图 2-53

Step08 在绘图区中选中所有门窗图形,通过上一步操作,将其放置到"门窗"图层中,如图 2-54 所示。

Step09 按照同样的方法,将家具图形和植物图形分别添加至相应的图层中,效果如图 2-55 所示。

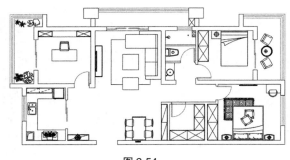
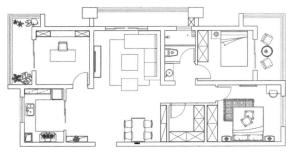

图 2-54   图 2-55

Step10 在"默认"选项卡的"实用工具"面板中单击"测量"下拉按钮,选择"面积"选项,并根据命令行的提示,捕捉图形第 1 个测量点,如图 2-56 所示。

Step11 沿着户型图,捕捉第 2 个、第 3 个测量点,如图 2-57 所示。

Step12 沿着墙体线捕捉下一个测量点,直到结束,如图 2-58 所示。

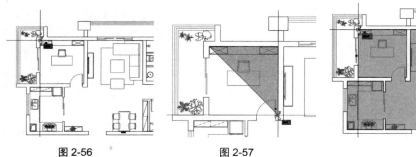
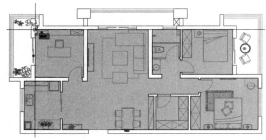

图 2-56   图 2-57   图 2-58

Step13 捕捉完毕后按回车键确认,系统会弹出提示,显示区域的面积和周长,如图 2-59 所示。

图 2-59

■ 课后作业

为了让读者能够更好地掌握本章所学的知识内容，下面将安排一些 ACAA 认证考试的模拟试题，让读者对所学的知识进行巩固和练习。

一、填空题

1. 有一根直线原来在 0 层，颜色为 bylayer，如果通过偏移，则该直线_____。
2. 室内设计的程序步骤：第 1 步_____；第 2 步_____；第 3 步_____；第 4 步_____。
3. 用户是可对图形中的夹点进行设置的，打开"选项"对话框，切换至_____选项卡，在_____选项板可设置夹点的大小。
4. 在绘图中需要确定某一点的具体位置，那么用户可以利用_____功能来实现。

二、选择题

1. 执行对象捕捉时，如果在一个指定的位置上包含多个对象符合捕捉条件，则按（   ）键可以在不同对象间切换。

    A. Ctrl   B. Tab   C. Alt   D. Shift

2. 栅格状态默认为开启，下列选项中无法关闭该状态的是（   ）。

    A. 单击状态栏上的栅格按钮   B. 将 Gridmode 变量设置为 1

    C. grid 然后输入 off   D. 以上均不正确

3. 下列选项中，不在对象捕捉功能范围内的是（   ）。

    A. 节点   B. 切点   C. 象限点   D. 极轴捕捉

4. 在新建的空白文件中，启动"图层特性管理器"对话框，会显示（   ）个图层。

    A. 0   B. 1   C. 2   D. 3

三、操作题

1. 设置匹配图层

本实例通过"匹配图层"命令，将植物图块匹配至相应的图层中，效果如图 2-60、图 2-61 所示。

          图 2-60   图 2-61

操作提示：

`Step01` 选中右侧植物图块，在"图层"面板中单击"匹配图层"按钮。

`Step02` 选择左侧植物图块，即可完成匹配操作。

2. 绘制正八边形

本实例利用极轴追踪功能，绘制一个边长为 300mm 的正八边形，效果如图 2-62、图 2-63 所示。

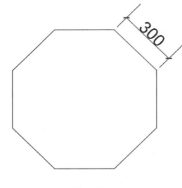

图 2-62　　　　　　　　　　　　　　　　图 2-63

操作提示：

Step01 执行"极轴追踪"命令，打开"草图设置"对话框。

Step02 设置好增量角度。执行"直线"命令，绘制边长为 300mm 的正八边形。

第 ⟨3⟩ 章

二维图形的绘制

内容导读

　　在使用 AutoCAD 软件绘图时，经常需要绘制各种各样的二维图形，例如各种家具图块、室内构造图块等，这些图形都离不开点、线、面的组合。只有掌握了这些基本图形的绘制后，才能够熟练绘制出其他复杂的图形。本章将对基本二维图形的绘制操作进行介绍，其中包括点、线、曲线、矩形以及多边形等。通过对本章内容的学习，读者能够轻松地绘制出各种简单的二维图形。

学习目标

- » 绘制点
- » 绘制线
- » 绘制曲线
- » 绘制多边形

3.1 绘制点

点是构成图形的基础，任何图形都是由无数点组成的，在绘制过程中，点主要起到辅助作用，例如捕捉某条线段的中点等。用户可使用多种方法创建点。下面对点功能进行详细介绍。

3.1.1 点样式的设置

默认状态下，点是以圆点的形式显示的。用户也可通过以下两种方式打开"点样式"对话框。

◎ 在菜单栏中，执行"格式"|"点样式"命令。

◎ 在命令行中输入"DDPTYPE"命令并按回车键。

在菜单栏中执行"格式"|"点样式"命令，打开"点样式"对话框，即可从中选择相应的点样式，如图3-1、图3-2所示。

点的大小也可以自定义，若选中"相对于屏幕设置大小"单选按钮，点大小则以百分数的形式实现，若选中"按绝对单位设置大小"单选按钮，则点大小以实际单位的形式实现。

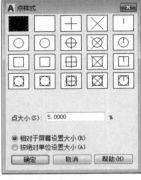

图 3-1　　　　　　　　　　图 3-2

3.1.2 绘制点

在 AutoCAD 中，点可分为单点和多点。用户可通过以下方式进行绘制。

◎ 在菜单栏中，执行"绘图"|"点"|"单点（或多点）"命令。

◎ 在"默认"选项卡的"绘图"面板中，单击"多点"按钮 。

◎ 在命令行中输入"POINT"命令并按回车键。

在执行"多点"命令后，用户可根据命令行的提示信息进行操作。

命令行提示如下：

```
命令：_point
当前点模式：PDMODE=35 PDSIZE=20.0000
指定点：（单击一次鼠标，绘制1个点）
```

3.1.3 绘制等分点

一般情况下，绘制点的情况比较少。通常是使用"定数等分"和"定距等分"命令，自动生成点。

1. 定数等分

定数等分可将图形按照固定的数值和相同的距离进行平均等分，在对象上按照平均分出的点的位置进行绘制。用户可通过以下方式绘制定数等分点。

◎ 在菜单栏中，执行"绘图"|"点"|"定数等分"命令。

◎ 在"默认"选项卡的"绘图"面板中，单击"定数等分"按钮 。

◎ 在命令行中输入"DIVIDE"命令并按回车键。

执行"定数等分"命令后，用户可根据命令行的提示信息进行操作。

命令行提示如下：

命令：_divide
选择要定数等分的对象：（选择需要等分的对象）
输入线段数目或 [块 (B)]: 8（输入等分参数）

2. 定距等分

定距等分是从某一端点按照指定的距离划分的点。被等分的对象在不可以被整除的情况下，等分对象的最后一段要比之前的距离短。用户可通过以下方式绘制定距等分点。

◎ 在菜单栏中，执行"绘图"|"点"|"定距等分"命令。

◎ 在"默认"选项卡的"绘图"面板中，单击"定距等分"按钮。

◎ 在命令行中输入"MEASURE"命令并按回车键。

执行"定距等分"命令后，用户可根据命令行的提示信息进行操作。

命令行提示如下：

命令：_measure
选择要定距等分的对象：（选择需要等分的对象）
指定线段长度或 [块 (B)]: 200 （输入等分距离）

知识点拨

使用定数等分时，由于输入的是等分段数，所以如果图形对象是封闭的，则生成点的数量等于等分的段数值。无论是使用"定数等分"或"定距等分"进行操作，并非是将图形分成独立的几段，而是在相应的位置上显示等分点，以辅助其他图形的绘制。

实例：绘制内接与圆的正六边形

绘制正六边形的方法有很多，下面利用定数等分命令绘制正六边形，其具体操作步骤如下。

Step01 打开本书配套的素材文件，执行"格式"|"点样式"命令，打开"点样式"对话框，选择点样式并设置点大小等参数，如图 3-3 所示。

Step02 执行"绘图"|"点"|"定数等分"命令，根据提示选择圆形，如图 3-4 所示。

Step03 选择图形后，再根据提示输入等分数"6"，如图 3-5 所示。

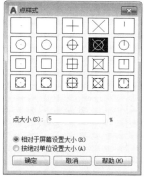

图 3-3

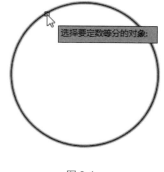

图 3-4

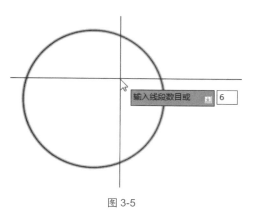

图 3-5

Step04 按回车键完成定数等分操作，等分点以设置的样式显示，如图 3-6 所示。

Step05 执行"直线"命令，捕捉每一个等分点绘制出正六边形，如图 3-7 所示。绘制完成后，删除所有等分点，完成内接于圆的正六边形的绘制，如图 3-8 所示。

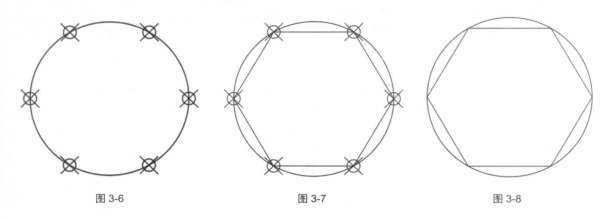

图 3-6   图 3-7   图 3-8

3.2 绘制线

线可分直线、射线、多线、样条曲线等。根据用途不同，所使用的线型也不同。下面对这些线型的绘制方式进行介绍。

■ 3.2.1 绘制直线

直线是各种绘图中最简单、最常用的一类图形对象。它既可作为一条线段，也可作为一系列相连的线段。绘制直线的方法非常简单，在绘图区内指定直线的起点和终点即可绘制一条直线。

用户可通过以下方式调用直线命令。

◎ 在菜单栏中，执行"绘图"|"直线"命令。

◎ 在"默认"选项卡的"绘图"面板中单击"直线"按钮 。

◎ 在命令行中输入"L"命令并按回车键。

执行"直线"命令后，用户可根据命令行的提示信息进行操作。

命令行提示如下：

```
命令：_line
指定第一个点：(指定线段的起点)
指定下一点或 [ 放弃 (U)]:（指定线段的终点）
```

■ 3.2.2 绘制射线

射线是从一端点出发向某一方向一直延伸的直线。射线是只有起点没有终点的线段。在执行"射线"命令后，在绘图区指定起点，再指定射线的通过点即可绘制一条射线。

用户可通过以下方式调用射线命令。

◎ 在菜单栏中，执行"绘图"|"射线"命令。

AutoCAD 2020 室内设计课堂实录

◎ 在"默认"选项卡的"绘图"面板中单击"下拉菜单"按钮 绘图▾，在弹出的选项卡中单击"射线"按钮 ⁄ 。

◎ 在命令行中输入"RAY"命令并按回车键。

注意事项

射线可以指定多个通过点，绘制以同一端点为起点的多条射线，绘制完多条射线后，按 Esc 键或回车键即可完成操作。

3.2.3 绘制与编辑多线

多线一般是由多条平行线组成的对象，平行线之间的间距和数目是可以设置的。多线主要用于绘制建筑平面图中的墙体图形。通常在绘制多线时，需要对多线样式进行设置。下面将对其相关知识进行详细介绍。

1. 设置多线样式

在 AutoCAD 中，可创建和保存多线的样式或应用默认样式，还可设置多线中每个元素的颜色和线型，并能显示或隐藏多线转折处的边线。用户可通过以下两种方式打开"多线样式"对话框。

◎ 在菜单栏中，执行"格式"|"多线样式"命令。

◎ 在命令行中输入"ML"命令并按回车键。

执行"格式"|"多线样式"命令，打开"多线样式"对话框，如图 3-9 所示。单击"修改"按钮打开"修改多线样式"对话框，在该对话框中可设置多线样式，如图 3-10 所示。

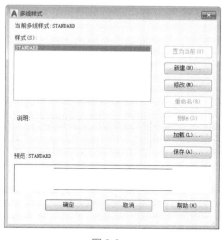

图 3-9

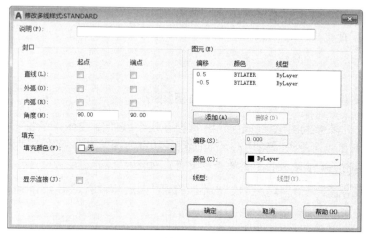

图 3-10

2. 绘制多线

设置完多线样式后，就可以开始绘制多线。用户可通过以下方式调用多线命令。

◎ 在菜单栏中，执行"绘图"|"多线"命令。

◎ 在命令行中输入"MLINE"命令并按回车键。

在执行"多线"命令后，用户可根据命令行的提示信息进行操作。

命令行提示如下：

```
命令：MLINE
当前设置：对正 = 无，比例 = 20.00，样式 = STANDARD
指定起点或 [ 对正 (J)/ 比例 (S)/ 样式 (ST)]: j（选择"对正"选项）
输入对正类型 [ 上 (T)/ 无 (Z)/ 下 (B)] < 无 >: z （选择"对正类型"）
当前设置：对正 = 无，比例 = 20.00，样式 = STANDARD
指定起点或 [ 对正 (J)/ 比例 (S)/ 样式 (ST)]: s （选择"比例"选项）
输入多线比例 <20.00>: 240 （输入比例值）
当前设置：对正 = 无，比例 = 240.00，样式 = STANDARD
```

3. 编辑多线

多线绘制完毕后，通常都需要对该多线进行修改编辑，才能达到预期的效果。用户可利用多线编辑工具对多线进行设置，如图 3-11 所示。在"多线编辑工具"对话框中可编辑多线接口处的类型，用户可通过以下方式打开该对话框。

◎ 在菜单栏中，执行"修改" | "对象" | "多线"命令。

◎ 在命令行中输入"MLEDIT"命令并按回车键。

◎ 直接双击多线图形。

图 3-11

知识点拨

默认状态下，绘制多线的操作和绘制直线相似，若想更改当前多线的对齐方式、显示比例及样式等属性，可在命令行中进行选择操作。

实例：为一居室户型图添加窗图形

在实际绘图过程中，经常会使用多线绘制墙体、门窗平面图。下面将以一居室户型图为例，利用多线命令绘制窗图形，从而完善其户型图，具体操作步骤如下。

Step01 打开本书配套的素材文件，如图 3-12 所示。

Step02 单击"图层特性"按钮，打开"图层特性管理器"对话框，双击"门窗"图层，将其设为当前图层，如图 3-13 所示。

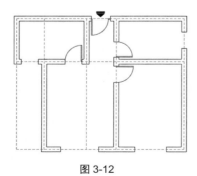

图 3-12

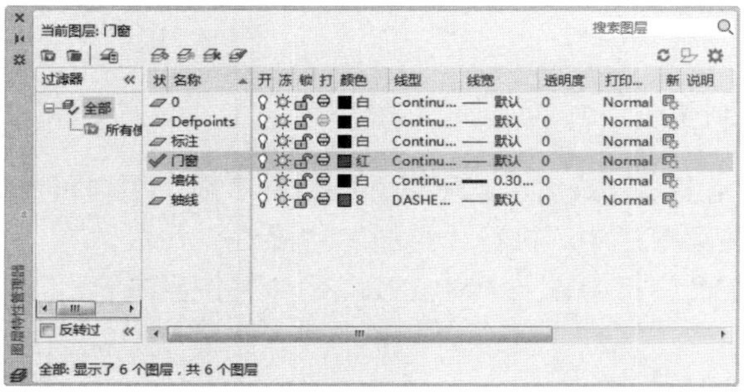

图 3-13

AutoCAD 2020 室内设计课堂实录

Step03 执行"格式"|"多线样式"命令，打开"多线样式"对话框，单击"修改"按钮，如图 3-14 所示。

Step04 打开"修改多线样式：STANDARD"对话框，勾选直线的"起点""端点"复选框。在"图元"列表中，选择默认"0.5"参数选项，在其"偏移"方框中输入"120"，再选择"-0.5"参数选项，将其偏移设为"-120"。单击"添加"按钮，并将其"偏移"设为"40"和"-40"，如图 3-15 所示。

图 3-14

图 3-15

Step05 依次单击"确定"按钮返回绘图区，执行"绘图"|"多线"命令，根据提示设置对正为"无"，如图 3-16 所示。

Step06 将比例设为"1"。捕捉轴线绘制窗户图形，如图 3-17所示。按照同样的方法，完成其他窗户的绘制。

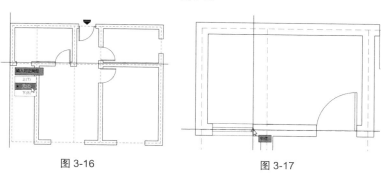

图 3-16

图 3-17

Step07 执行"图层特性"命令，在打开的图层对话框中，隐藏轴线图层，如图 3-18 所示。至此，完成一居室窗图形的绘制操作，效果如图 3-19 所示。

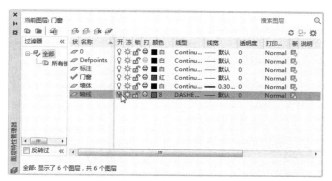

图 3-18

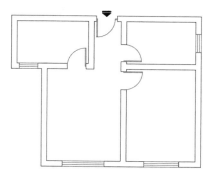

图 3-19

3.2.4 绘制与编辑多段线

多段线是由首尾相连的直线或圆弧曲线组成的，在直线和圆弧曲线之间可进行自由切换。用户可设置多段线的宽度，也可在不同的线段中设置不同的线宽。此外，还可设置线段的始末端点使线段具有不同的线宽。

1. 绘制多段线

多线段具有多样性，它可设置宽度，也可在一条线段中显示不同的线宽。默认状态下，当指定了多段线另一端点的位置后，将从起点到该点绘制出一段多段线。用户可通过以下方式调用多线段命令。

◎ 在菜单栏中，执行"绘图"|"多段线"命令。

◎ 在"默认"选项卡的"绘图"面板中单击"多段线"按钮 。

◎ 在命令行中输入"PL"命令并按回车键。

执行"多段线"命令后，用户可根据命令行的提示信息进行操作。

命令行提示如下：

```
命令：_pline
指定起点：
当前线宽为 0.0000
指定下一个点或 [ 圆弧 (A)/ 半宽 (H)/ 长度 (L)/ 放弃 (U)/ 宽度 (W)]: 500 （下一点距离值）
指定下一点或 [ 圆弧 (A)/ 闭合 (C)/ 半宽 (H)/ 长度 (L)/ 放弃 (U)/ 宽度 (W)]:
```

知识点拨

多段线是一条完整的线，折弯的地方是一体，不像直线，线跟线有端点相连，另外，多段线可以改变线宽，使端点和尾点的粗细不一，形成梯形，多段线还可绘制圆弧，这是直线不可能做到的。另外，对偏移命令，直线和多段线的偏移对象也不相同，直线是偏移单线，多段线是偏移图形。

2. 编辑多段线

在图形设计的过程中可通过闭合和打开多段线，以及移动、添加或删除单个顶点来编辑多段线，可在任意两个顶点之间拉直多段线，也可切换线型以便在每个顶点前或后显示虚线，还可通过多段线创建线型近似的样条曲线。

用户可通过以下方式进行多段线的编辑。

◎ 在菜单栏中，执行"修改"|"对象"|"多段线"命令。

◎ 鼠标双击多段线图形对象。

◎ 在命令行中输入"PEDIT"命令并按回车键。

执行"修改"|"对象"|"多段线"命令，选择要编辑的多段线，就会弹出一个多段线编辑菜单。选择一条多段线和选择多条多段线弹出的快捷菜单选项并不相同，如图 3-20 所示。

闭合(C)	闭合(C)
合并(J)	打开(O)
宽度(W)	合并(J)
编辑顶点(E)	宽度(W)
拟合(F)	拟合(F)
样条曲线(S)	样条曲线(S)
非曲线化(D)	非曲线化(D)
线型生成(L)	线型生成(L)
反转(R)	反转(R)
放弃(U)	放弃(U)

图 3-20

实例：利用多段线绘制折断符号

下面利用多段线命令为立柱绘制折断符号，其具体操作步骤如下。

Step01 打开本书配套的素材文件。执行"绘图"|"多段线"命令，在绘图区中单击指定一点为起点，向下移动鼠标，并输入线段长度为1200mm，如图3-21所示。

Step02 按回车键，向左移动光标，输入线段长度为240mm，并按回车键，如图3-22所示。

Step03 按F8键，关闭正交模式。向左移动光标，并绘制长度为400mm的线段，如图3-23所示。

Step04 按回车键，再次按F8键，开启正交模式，向右移动光标，并输入线段长度为140mm，如图3-24所示。

Step05 按回车键后，将光标向下移动，直到结束，再次按回车键，完成该折断线的绘制，如图3-25所示。

Step06 双击绘制好的折断线，在打开的快捷列表中，选择"宽度"选项，如图3-26所示。

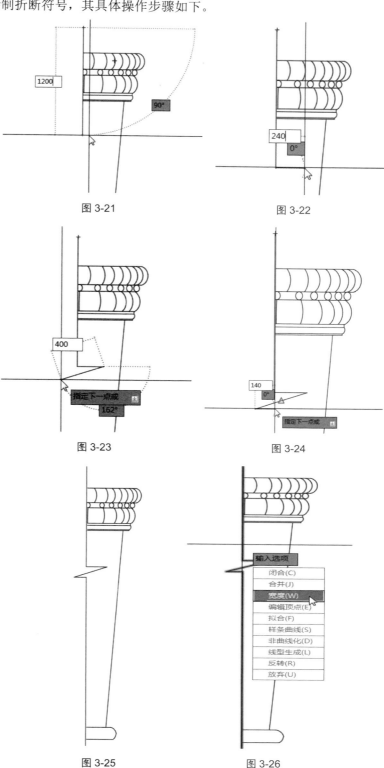

图 3-21

图 3-22

图 3-23

图 3-24

图 3-25

图 3-26

Step07 按回车键后，输入新宽度值"15"，如图 3-27 所示。

Step08 输入完成后，按回车键。这时折断线的线宽已发生了变化，效果如图 3-28 所示。

注意事项

在绘制多段线的过程中，如果需要改变线段的线型，那么在命令行中选择相应的线型即可。例如将直线改变成弧线，只需在命令行中输入"A"，按回车键，即可改变当前线型。

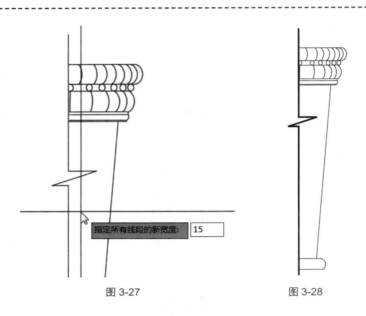

| 图 3-27 | 图 3-28 |

3.3 绘制曲线

曲线的类型有很多，其中圆、圆弧、样条曲线、云线这四种曲线较为常用。下面将着重对这些曲线的绘制方法进行详细介绍。

■ 3.3.1 绘制圆

圆形的创建方法有两种，一种是直接指定圆心，输入半径值；另一种是任意拉取半径长度绘制。用户可通过以下方式调用圆命令。

　　◎ 在菜单栏中，执行"绘图"|"圆"命令。

　　◎ 在"默认"选项卡"绘图"面板中单击"圆"按钮 ⊙，选择绘制圆的方式可以单击按钮下的三角符号下拉按钮 ▾ 。

　　◎ 在命令行中输入"C"命令并按回车键。

用户执行"圆"命令后，可以按照命令行中的相关信息进行操作。

命令行提示如下：

```
命令：_circle
指定圆的圆心或 [ 三点 (3P)/ 两点 (2P)/ 切点、切点、半径 (T)]：（指定好圆心点）
指定圆的半径或 [ 直径 (D)]: 200 （输入半径参数）
```

圆命令的子命令中又包含以下几种绘制方式。

◎ 圆心、半径 / 直径：圆心、半径 / 直径方式是先确定圆心，然后输入半径或者直径，即可完成绘制操作。

◎ 两点 / 三点：在绘图区随意指定两点或三点或者捕捉图形的点即可绘制圆。

◎ 相切、相切、半径：选择图形对象的两个相切点，再输入半径值即可绘制圆。

◎ 相切、相切、相切：选择图形对象的三个相切点，即可绘制一个与图形相切的圆。

■ 3.3.2 绘制圆弧

绘制圆弧的方法有很多种，默认情况下，绘制圆弧需要三点：圆弧的起点、圆弧上的点和圆弧的端点。

用户可通过以下方式调用圆弧命令。

◎ 在菜单栏中，执行"绘图"|"圆弧"命令。

◎ 在"默认"选项卡"绘图"面板中单击"圆弧"按钮 ⌒ ，选择绘制圆弧的方式可以单击按钮下的三角符号 ▼ ，在弹出的列表中单击相应选项。

◎ 在命令行中输入"A"命令并按回车键。

执行"圆弧"命令后，用户可以根据命令行中的提示信息进行绘制。

命令行提示如下：

命令：_arc
指定圆弧的起点或 [圆心 (C)]：（指定起点）
指定圆弧的第二个点或 [圆心 (C)/ 端点 (E)]：（指定第 2 个点）
指定圆弧的端点：（指定终点）

注意事项

圆弧的方向有顺时针和逆时针之分。默认情况下，系统按照逆时针方向绘制圆弧。因此，在绘制圆弧时一定要注意圆弧起点和端点的相对位置，否则有可能导致所绘制的圆弧与预期圆弧的方向相反。

实例：绘制植物盆栽图形

下面将以盆栽图形为例，向用户介绍"圆"和"圆弧"命令，其具体操作步骤如下。

Step01 执行"绘图"|"圆弧"命令，随意绘制多条弧线，如图 3-29 所示。

Step02 执行"绘图"|"圆"命令，绘制一个圆放置到合适的位置，如图 3-30 所示。

图 3-29

图 3-30

Step03 复制多个圆形，摆放出植物的叶片轮廓，如图 3-31 所示。

Step04 再绘制一个大圆，作为花盆轮廓，完成盆栽图形的绘制，如图 3-32 所示。

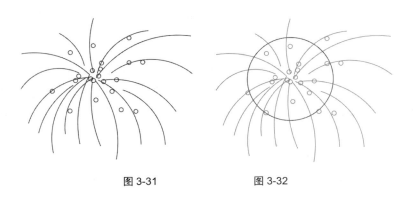

图 3-31　　　　　　图 3-32

3.3.3　绘制样条曲线

样条曲线是经过或接近影响曲线形状的一系列点的平滑曲线。用户可通过以下方式调用样条曲线命令。

　　◎ 在菜单栏中，执行"绘图"|"样条曲线"|"拟合点 / 控制点"命令。

　　◎ 在"默认"选项卡"绘图"面板中单击"样条曲线拟合"或"样条曲线控制点"按钮。

　　◎ 在命令行中输入"SPLINE"命令并按回车键。

用户执行"样条曲线拟合"命令后，可按照命令行中的提示信息进行绘制操作。

命令行提示如下：

```
命令 : _SPLINE
当前设置 : 方式 = 拟合  节点 = 弦
指定第一个点或 [ 方式 (M)/ 节点 (K)/ 对象 (O)]: _M
输入样条曲线创建方式 [ 拟合 (F)/ 控制点 (CV)] < 拟合 >: _FIT
当前设置 : 方式 = 拟合  节点 = 弦
指定第一个点或 [ 方式 (M)/ 节点 (K)/ 对象 (O)]: （指定起点）
输入下一个点或 [ 起点切向 (T)/ 公差 (L)]: （指定下一点，直到结束）
输入下一个点或 [ 端点相切 (T)/ 公差 (L)/ 放弃 (U)]: （按回车键，完成绘制）
输入下一个点或 [ 端点相切 (T)/ 公差 (L)/ 放弃 (U)/ 闭合 (C)]:
```

绘制样条曲线分为样条曲线拟合和样条曲线控制点两种方式。图 3-33 所示为拟合绘制的曲线，图 3-34 所示为控制点绘制的曲线。

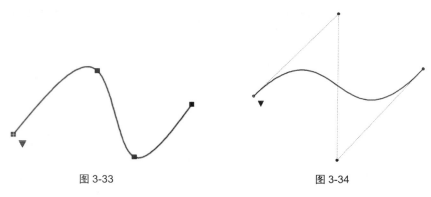

图 3-33　　　　　　　　　　　　　图 3-34

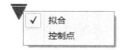

3.3.4　绘制修订云线

修订云线是由连续圆弧组成的多段线，用于在检查阶段提醒用户注意图形的某个部分，分为矩形修订云线、多边形修订云线以及徒手画三种绘图方式。在检查或用红线圈阅图形时，可使用修订云线功能亮显标记以提高工作效率。

用户可通过以下方式调用修订云线命令。

◎ 在菜单栏中，执行"绘图"|"修订云线"命令。

◎ 在"默认"选项卡"绘图"面板中单击"矩形修订云线"按钮▱，选择绘制修订云线的方式可以单击按钮下的三角符号 ▾ ，在弹出的列表中单击相应选项。

◎ 在命令行中输入"REVCLOUD"命令并按回车键。

在执行"矩形修订云线"命令后，可以根据命令行中的提示信息进行绘制操作。

命令行提示如下：

```
命令：_revcloud
最小弧长：5　最大弧长：10　样式：普通　类型：矩形
指定第一个角点或 [ 弧长 (A)/ 对象 (O)/ 矩形 (R)/ 多边形 (P)/ 徒手画 (F)/ 样式 (S)/ 修改 (M)] < 对象 >：_R
指定第一个角点或 [ 弧长 (A)/ 对象 (O)/ 矩形 (R)/ 多边形 (P)/ 徒手画 (F)/ 样式 (S)/ 修改 (M)] < 对象 >：a（选择"弧长"选项）
指定最小弧长 <5>：10　（设置最小、最大弧长参数）
指定最大弧长 <10>：30
指定第一个角点或 [ 弧长 (A)/ 对象 (O)/ 矩形 (R)/ 多边形 (P)/ 徒手画 (F)/ 样式 (S)/ 修改 (M)] < 对象 >：（指定矩形云线起点）
指定对角点：（指定矩形对角点）
```

> **知识点拨**
>
> 　在绘制云线的过程中，可使用鼠标单击沿途各点，也可通过拖动鼠标自动生成，当开始和结束点接近时云线会自动封闭，并提示"云线完成"，此时生成的对象是多段线。

> **ACAA课堂笔记**

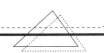

执行"修订云线"命令后，根据命令行提示输入"S"快捷命令，在命令行中会出现"选择圆弧样式 [普通 (N)/ 手绘 (C)]"的提示内容，输入 N 命令按回车键后画出的云线是普通的单线形式，如图 3-36 所示；输入"C"快捷命令按回车键后就是手绘状态，如图 3-37 所示。

图 3-36

图 3-37

实例：绘制灯具图形

本案例将利用矩形、圆弧、样条曲线等命令绘制一个吊灯图形，其具体操作步骤如下。

Step01 执行"绘图"|"直线"命令和"圆弧"命令，绘制一条长 900mm 的直线，再绘制一条高度为 320mm 的圆弧，如图 3-38 所示。

Step02 执行"偏移""修剪"命令，将直线向下偏移 20mm，再修剪图形，如图 3-39 所示。

Step03 执行"绘图"|"样条曲线"命令，绘制出一个曲线造型，如图 3-40 所示。

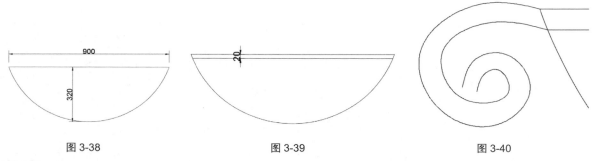

图 3-38   图 3-39   图 3-40

Step04 执行"镜像"命令，将造型镜像复制到另一侧，如图 3-41 所示。

Step05 执行"绘图"|"矩形"命令，绘制 100mm×40mm 和 25mm×400mm 的两个矩形，放置到合适的位置，如图 3-42 所示。

Step06 执行"绘图"|"圆弧"命令，绘制两条圆弧，如图 3-43 所示。

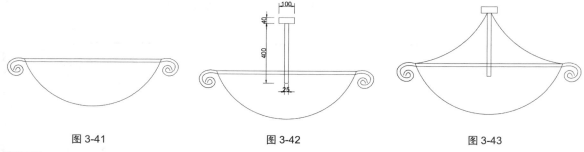

图 3-41   图 3-42   图 3-43

Step07 执行"绘图"|"样条曲线"命令，绘制灯具花纹造型，如图 3-44 所示。

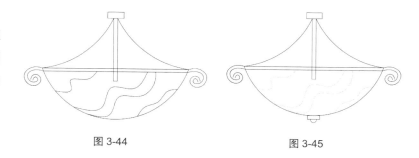

 Step08 执行"绘图"|"矩形"
命令，绘制 80mm×25mm 的矩
形和半径为 20mm 的圆弧，调
整图形颜色，完成灯具图形的
绘制，如图 3-45 所示。

图 3-44　　　　　　　　　　　　图 3-45

3.4 绘制矩形和多边形

矩形和多边形是最基本的几何图形，其中，多边形包括三角形、四边形、五边形和其他多边形等。

■ 3.4.1 绘制矩形

矩形是最常用的几何图形，分为普通矩形、倒角矩形和圆角矩形，用户可随意指定矩形的两个对角点来创建矩形，也可指定面积和尺寸来创建矩形。用户可通过以下方式调用矩形命令。

◎ 在菜单栏中，执行"绘图"|"矩形"命令。
◎ 在"默认"选项卡"绘图"面板中单击"矩形"按钮▭。
◎ 在命令行中输入"REC"命令并按回车键。

1. 普通矩形

在"默认"选项卡"绘图"面板中单击"矩形"按钮。在任意位置指定第一个角点，再根据命令行提示输入"D"命令并按回车键，输入矩形的长度和宽度后按回车键，然后单击鼠标左键，即可绘制一个长为 800，宽为 800 的矩形，如图 3-46 所示。

命令行提示如下：

> 命令：_rectang
> 指定第一个角点或 [倒角 (C)/ 标高 (E)/ 圆角 (F)/ 厚度 (T)/ 宽度 (W)]：（指定矩形起点）
> 指定另一个角点或 [面积 (A)/ 尺寸 (D)/ 旋转 (R)]: d（选择"尺寸"选项）
> 指定矩形的长度 <800.0000>: 800（输入长度值）
> 指定矩形的宽度 <800.0000>: 800（输入宽度值）
> 指定另一个角点或 [面积 (A)/ 尺寸 (D)/ 旋转 (R)]:

图 3-46

2. 倒角矩形

执行"绘图"|"矩形"命令，根据命令行提示输入"C"，输入倒角距离为"80"，再输入长度和宽度分别为"800"和"800"，单击鼠标左键即可绘制倒角矩形，如图 3-47 所示。

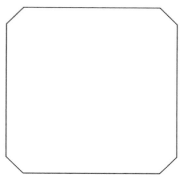

图 3-47

命令行提示如下：

```
命令：_rectang
当前矩形模式：倒角 =80.0000 x 60.0000
指定第一个角点或 [ 倒角 (C)/ 标高 (E)/ 圆角 (F)/ 厚度 (T)/ 宽度 (W)]: c （选择"倒角"选项）
指定矩形的第一个倒角距离 <80.0000>: 80 （输入两个倒角距离）
指定矩形的第二个倒角距离 <60.0000>: 80
指定第一个角点或 [ 倒角 (C)/ 标高 (E)/ 圆角 (F)/ 厚度 (T)/ 宽度 (W)]: （指定矩形起点）
指定另一个角点或 [ 面积 (A)/ 尺寸 (D)/ 旋转 (R)]: d （选择"尺寸"选项）
指定矩形的长度 <10.0000>: 800 （输入矩形的长度值）
指定矩形的宽度 <10.0000>: 800 （输入矩形的宽度值）
指定另一个角点或 [ 面积 (A)/ 尺寸 (D)/ 旋转 (R)]:
```

3. 圆角矩形

在命令行输入"REC"快捷命令并按回车键。根据命令行提示输入"F"，设置半径为"100"，然后制定两个对角点即可完成绘制圆角矩形的操作，如图 3-48 所示。

命令行提示如下：

```
命令：_rectang
指定第一个角点或 [ 倒角 (C)/ 标高 (E)/ 圆角 (F)/ 厚度 (T)/ 宽度 (W)]: f（选择"圆角"选项）
指定矩形的圆角半径 <0.0000>: 100 （设置圆角半径值）
指定第一个角点或 [ 倒角 (C)/ 标高 (E)/ 圆角 (F)/ 厚度 (T)/ 宽度 (W)]: （指定矩形起点）
指定另一个角点或 [ 面积 (A)/ 尺寸 (D)/ 旋转 (R)]: （指定矩形对角点）
```

图 3-48

3.4.2 绘制多边形

多边形是指三条或三条以上长度相等的线段组成的闭合图形，在默认情况下，多边形的边数为 4。绘制多边形时分为内接于圆和外接于圆两个方式，内接于圆就是多边形在一个虚构的圆内，外接于圆也就是多边形在一个虚构的圆外。用户可通过以下方式调用多边形命令。

◎ 在菜单栏中，执行"绘图"|"多边形"命令。

◎ 在"默认"选项卡"绘图"面板中单击"矩形"按钮的三角符号 ▭ ，在弹出的列表中单击"多边形"按钮 ⬠ 。

◎ 在命令行中输入"POLYGON"命令并按回车键。

ACAA课堂笔记

AutoCAD 2020 室内设计 课堂实录

60

1.内接于圆

在命令行中输入"POLYGON"命令并按回车键,根据提示设置多边形的边数、内切和半径。设置完成后效果如图3-49所示。

2.外接于圆

在命令行中输入"POLYGON"命令并按回车键,根据提示设置多边形的边数、内切和半径。设置完成后效果如图3-50所示。

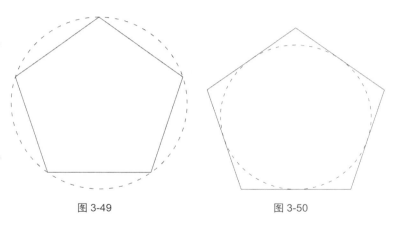

图 3-49   图 3-50

■ 课堂实战　绘制洗手台盆

通过学习本章内容后,下面以绘制洗手台盆为例,具体介绍二维图形的绘制方法。其中所运用到的命令有矩形、直线、圆形、偏移、旋转、修剪等,偏移、旋转和修剪这三个编辑命令,会在第4章做详细的介绍。其具体操作步骤如下。

Step01 执行"矩形"命令□,指定好起始点,并在命令行中输入"D",按回车键,并根据命令行的提示,输入矩形的长度800mm和宽度550mm,单击鼠标,完成洗手台的轮廓绘制,如图3-51、图3-52所示。

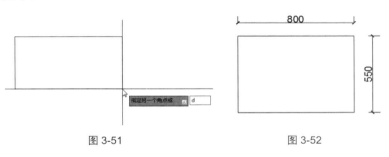

图 3-51   图 3-52

命令行提示如下:

```
命令 : _rectang
指定第一个角点或 [ 倒角 (C)/ 标高 (E)/ 圆角 (F)/ 厚度 (T)/ 宽度 (W)]:（指定起点）
指定另一个角点或 [ 面积 (A)/ 尺寸 (D)/ 旋转 (R)]: d （输入 d）
指定矩形的长度 <10.0000>:800 （输入长度）
指定矩形的宽度 <10.0000>:550 （输入宽度，单击鼠标）
指定另一个角点或 [ 面积 (A)/ 尺寸 (D)/ 旋转 (R)]:
```

Step02 执行"直线"命令╱,捕捉矩形上、下两边线的中点,绘制一条辅助线,如图3-53所示。执行"圆"命令⊙,根据命令行中的提示,捕捉辅助线的中点,绘制半径为225mm的圆形,完成面盆轮廓的绘制,如图3-54所示。

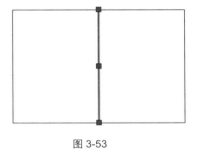 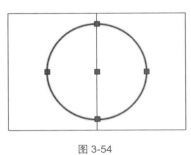

图 3-53   图 3-54

命令行提示如下：

命令：_circle
指定圆的圆心或 [三点 (3P)/ 两点 (2P)/ 切点、切点、半径 (T)]：（捕捉辅助线中点）
指定圆的半径或 [直径 (D)]：225 （输入半径值）

Step03 执行"偏移"命令 ⊑，
选中刚绘制的圆形，依次向内
偏移 25mm 和 200mm，绘制出
面盆的壁厚和下水轮廓，再删
除中心辅助，如图 3-55、图 3-56
所示。

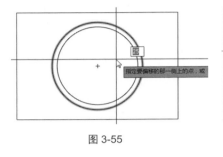
图 3-55

图 3-56

命令行提示如下：

命令：_offset
当前设置：删除源 = 否 图层 = 源 OFFSETGAPTYPE=0
指定偏移距离或 [通过 (T)/ 删除 (E)/ 图层 (L)] <20.0000>：25（输入偏移参数，按回车键）
选择要偏移的对象，或 [退出 (E)/ 放弃 (U)] < 退出 >：（选择半径为 225 的圆）
指定要偏移的那一侧上的点，或 [退出 (E)/ 多个 (M)/ 放弃 (U)] < 退出 >：（指定圆内任意点）
选择要偏移的对象，或 [退出 (E)/ 放弃 (U)] < 退出 >：（按 2 次回车键，继续偏移命令）
命令：
OFFSET
当前设置：删除源 = 否 图层 = 源 OFFSETGAPTYPE=0
指定偏移距离或 [通过 (T)/ 删除 (E)/ 图层 (L)] <25.0000>：200 （输入偏移参数，按回车键）
选择要偏移的对象，或 [退出 (E)/ 放弃 (U)] < 退出 >：（选择半径为 225 的圆）
指定要偏移的那一侧上的点，或 [退出 (E)/ 多个 (M)/ 放弃 (U)] < 退出 >：（指定圆内任意点）
选择要偏移的对象，或 [退出 (E)/ 放弃 (U)] < 退出 >：* 取消 *（按 Esc 键，取消命令）

Step04 执行"矩形"命令，按照 Step01 的方法绘制一个长为 25mm，宽为 120mm 的长方形，完成水
龙头出水口轮廓的绘制。执行"移动"命令 ✛，选择绘制的矩形，将其移动至台盆合适位置，如图 3-57
所示。

Step05 执行"圆"命令，捕捉
刚绘制的矩形上边线的中点，
绘制半径为 20mm 的圆形，
完成龙头开关轮廓的绘制，如
图 3-58 所示。

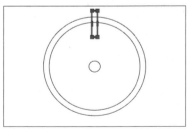
图 3-57

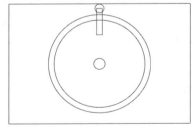
图 3-58

ACAA课堂笔记

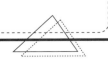

Step06 执行"修剪"命令，根据命令行中的提示，先选中刚绘制的小圆形，按回车键，再选中需要剪去的矩形边线，如图 3-59、图 3-60 所示，完成水龙头图形的修剪操作。

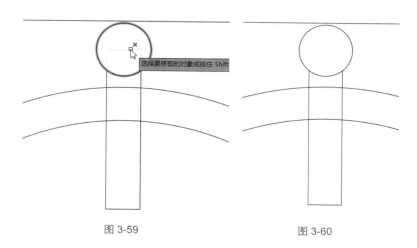

图 3-59   图 3-60

命令行提示如下：

命令：_trim
当前设置：投影 =UCS，边 = 无
选择剪切边 ...（选中半径为 20mm 的小圆形）
选择对象或 < 全部选择 >: 找到 1 个（按回车键）
选择对象：
选择要修剪的对象或按住 Shift 键选择要延伸的对象，或者
[栏选 (F)/ 窗交 (C)/ 投影 (P)/ 边 (E)/ 删除 (R)]:（选择需要修剪的矩形边线，按回车键）
选择要修剪的对象，或按住 Shift 键选择要延伸的对象，或
[栏选 (F)/ 窗交 (C)/ 投影 (P)/ 边 (E)/ 删除 (R)/ 放弃 (U)]:

Step07 选中修剪好的水龙头图形，执行"旋转"命令，根据命令行中的提示，捕捉小圆的圆心，向右拖曳鼠标，并输入旋转角度为"30"；按回车键，完成水龙头旋转操作，如图 3-61、图 3-62 所示。

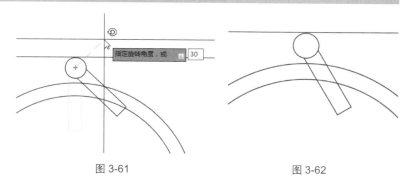

图 3-61   图 3-62

命令行提示如下：

命令：_rotate
UCS 当前的正角方向：ANGDIR= 逆时针 ANGBASE=0
找到 2 个
指定基点：（捕捉小圆的圆心）
指定旋转角度，或 [复制 (C)/ 参照 (R)] <0>: 30 （输入旋转角度）

Step08 执行"移动"命令，将旋转后的水龙头图形移至左侧合适位置，如图 3-63 所示。执行"修剪"命令，根据命令行中的提示信息，修剪掉水龙头多余的线条，如图 3-64 所示。

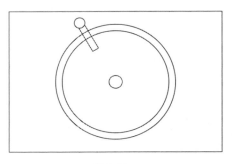
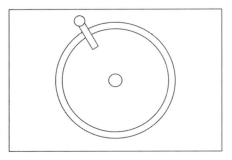

图 3-63   图 3-64

ACAA课堂笔记

AutoCAD 2020 室内设计 课堂实录

■ **课后练习**

为了让用户能够更好地掌握本章所学的知识内容，下面将安排一些 Autodesk 认证考试的模拟试题，让读者对所学的知识进行巩固和练习。

一、填空题

1. 默认情况下，点是以圆点的形式显示的。用户也可通过执行菜单栏中的"＿＿＿＿"|"＿＿＿＿"命令，打开"点样式"对话框进行设置。

2. ＿＿＿＿可以将图形按照固定的数值和相同的距离进行平均等分，在对象上按照平均分出的点的位置进行绘制。

3. 在菜单栏中执行"＿＿＿＿"|"＿＿＿＿"命令，即可打开"多线样式"对话框，并对多线的样式进行设置。

4. 在绘制多段线的过程中，通过输入"＿＿＿＿"，并输入新线宽值，即可改变多段线的线宽。

二、选择题

1. 半径为 50mm 的圆，将它平均分成 5 段，每段弧长为（　　　）。

    A. 62.85mm   B. 62.83mm

    C. 63.01mm   D. 62.8mm

2. 在动态输入模式下绘制直线时，当提示指定下一点时输入 80，然后按逗号键，接下来输入的数值是（　　　）。

    A. X 坐标值   B. Y 坐标值

    C. Z 坐标值   D. 角度值

3. 如何创建一个选择集，使其包含全部放入窗口内的所有对象？（　　　）

    A. 按住 Shift 键并使用一个窗口选择

    B. 使用一个窗交选择

    C. 使用一个窗口选择

    D. 按住 Shift 键并使用一个窗交选择

4. 在执行多段线命令时，如果当前线型为直线，想要将其切换成圆弧，需在命令行中（　　　）。

    A. 输入"A"   B. 输入"U"

    C. 输入"H"   D. 输入"W"

三、操作题

1. 绘制折断线

本实例利用样条曲线命令，为路灯图形添加折断线，效果如图 3-65、图 3-66 所示。

操作提示：

Step01 执行"样条曲线拟合"命令，绘制折断线。执行"复制"命令，复制绘制好的折断线。

Step02 执行"修剪"命令，将两条折断线中的线段减去。

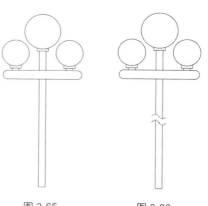

图 3-65   图 3-66

65

2. 绘制箭头图形

本实例利用"多段线"命令，根据命令行中的提示，绘制箭头图形，效果如图 3-67 所示。

图 3-67

操作提示：

`Step01` 执行"多段线"命令，设置起点宽度为 0，端点宽度为 100，绘制多段线。

`Step02` 再次设置多线段的起点和端点宽度，均设置为 20，完成绘制。

第〈4〉章 ━━━━━━━━━━━━

二维图形的编辑

内容导读

图形绘制好后，通常需要对图形进行再次编辑，以保证图形正确性。那么在编辑图形之前，首先要选择图形，然后再进行编辑。本章将对图形的编辑、图案填充等知识内容进行逐一介绍。通过对本章内容的学习，用户可熟悉并掌握编辑二维图形的一系列操作。

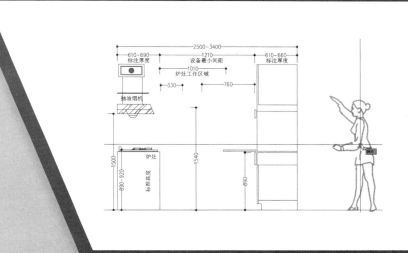

学习目标

» 掌握图形编辑工具

» 掌握图案填充方法

4.1 编辑图形

图形的编辑命令包括移动、复制、旋转、镜像、偏移、阵列、拉伸等。用户可根据编辑需求来选择相关命令进行操作。本节将对一些常用的编辑命令进行详细介绍。

■ 4.1.1 移动图形

移动图形，就是将图形从原有位置移动到指定的新位置，其图形大小和方向将不会改变。在AutoCAD软件中，用户可通过以下方式调用移动命令。

◎ 在菜单栏中，执行"修改"|"移动"命令。

◎ 在"默认"选项卡"修改"面板单击"移动"按钮✥。

◎ 在命令行中输入"M"命令并按回车键。

用户在执行移动命令后，根据命令行中的提示，选中需要移动的图形，并指定图形的移动基点，移动光标，捕捉新位置基点，即可完成移动操作，如图4-1、图4-2所示。

命令行提示如下：

```
命令：_move
选择对象：找到 1 个 （选择需移动的图形，按回车键）
选择对象：
指定基点或 [ 位移 (D)] < 位移 >：（指定移动基点）
指定第二个点或 < 使用第一个点作为位移 >：（指定新位置的基点）
```

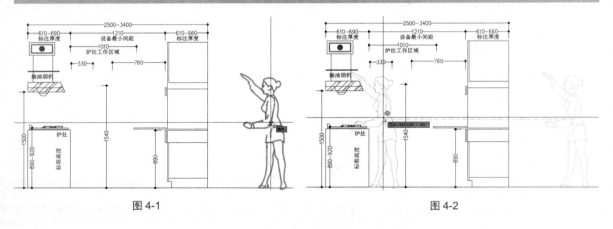

图 4-1   图 4-2

■ 4.1.2 复制图形

在绘图过程中，如果需要重复使用某个图形，最好的办法就是将图形进行复制操作。AutoCAD软件可以将任意复杂的图形复制到视图中任意位置。用户可通过以下方式调用复制命令。

◎ 在菜单栏中，执行"修改"|"复制"命令。

◎ 在"默认"选项卡"修改"面板中单击"复制"按钮❀。

◎ 在命令行中输入"CO"快捷命令并按回车键。

执行"复制"命令后，根据命令行中的提示，选择需复制的图形，并指定好复制的基点。移动光标，捕捉目标基点即可完成图形的复制操作，如图4-3、图4-4所示。

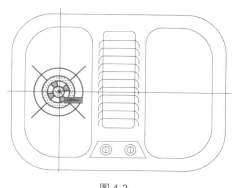
图 4-3

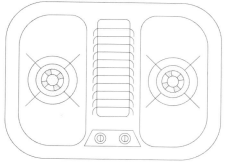
图 4-4

命令行提示如下：

命令：_copy
选择对象：找到 1 个 （选择需要复制的图形，按回车键）
选择对象：
当前设置：复制模式 = 多个
指定基点或 [位移 (D)/ 模式 (O)] < 位移 >：（指定复制的基点）
指定第二个点或 [阵列 (A)] < 使用第一个点作为位移 >：（指定新位置的基点）
指定第二个点或 [阵列 (A)/ 退出 (E)/ 放弃 (U)] < 退出 >：

注意事项

在复制图形时，用户可一次性复制多个相同的图形，按 Esc 键可停止复制操作。方便快捷，同时也提高了制图效率。

4.1.3 旋转图形

如果想要对图形进行旋转，可执行旋转命令，并选中图形，指定好旋转的基点和旋转角度，即可完成旋转操作。正角度按逆时针方向旋转，负角度按顺时针方向旋转。在 AutoCAD 中用户可通过以下方式调用旋转命令。

◎ 在菜单栏中，执行"修改"|"旋转"命令。

◎ 在"默认"选项卡"修改"面板单击"旋转"按钮 C。

◎ 在命令行中输入"RO"快捷命令并按回车键。

执行"修改"|"旋转"命令，选择图形对象后指定旋转基点，再输入相应的角度即可进行旋转操作，如图 4-5、图 4-6、图 4-7 所示。

命令行提示如下：

命令：_rotate
UCS 当前的正角方向：ANGDIR= 逆时针 ANGBASE=0
选择对象：找到 1 个 （选择需旋转的图形，按回车键）
选择对象：
指定基点：（指定图形旋转的基点）
指定旋转角度，或 [复制 (C)/ 参照 (R)] <0>: 45 （输入旋转角度，按回车键）

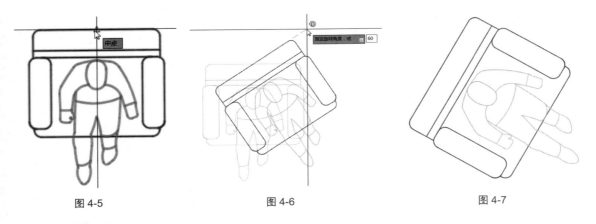

图 4-5　　　　　　　　　　　　图 4-6　　　　　　　　　　　　图 4-7

4.1.4　镜像图形

　　在施工图的绘制过程中，对称图形是非常常见的，在绘制好图形后，使用镜像命令，可得到一个相同并方向相反的图形。用户可利用以下方法调用镜像命令。

　　◎ 在菜单栏中，执行"修改"|"镜像"命令。

　　◎ 在"默认"选项卡"修改"面板中，单击"镜像"按钮⚠。

　　◎ 在命令行中输入"MI"快捷命令并按回车键。

　　执行"镜像"命令后，选中图形，按回车键，然后捕捉中心线的两个端点，按两次回车键，完成镜像操作，如图4-8、图4-9、图4-10所示。

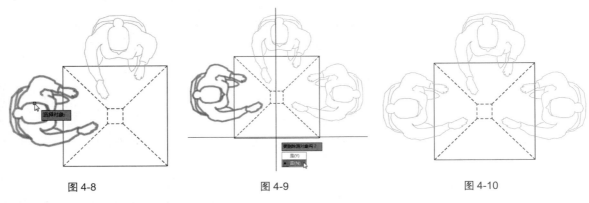

图 4-8　　　　　　　　　　　　图 4-9　　　　　　　　　　　　图 4-10

　　命令行提示如下：

```
命令：_mirror
选择对象：找到 1 个 （选中镜像图形，按回车键）
选择对象：
指定镜像线的第一点：（捕捉中心线的起始点）
指定镜像线的第二点：（捕捉中心线的端点）
要删除源对象吗？ [是 (Y)/ 否 (N)] < 否 >：（按回车键，保留）
```

偏移图形是按照一定的偏移值将图形进行复制和位移。偏移后的图形和原图形的形状相同,用户可通过以下方式调用偏移命令。

◎ 在菜单栏中,执行"修改"|"偏移"命令。

◎ 在"默认"选项卡"修改"面板单击"偏移"按钮 ⊜。

◎ 在命令行中输入"O"命令并按回车键。

执行"偏移"命令后,根据命令行中的提示,先输入要偏移的距离值,然后再选择要偏移的图形线段,按回车键后,指定要偏移的方向即可,如图 4-11、图 4-12、图 4-13 所示。

命令行提示如下:

命令 : _offset
当前设置 : 删除源 = 否 图层 = 源 OFFSETGAPTYPE=0
指定偏移距离或 [通过 (T)/ 删除 (E)/ 图层 (L)] <20.0000>: 100 (设置偏移距离)
选择要偏移的对象,或 [退出 (E)/ 放弃 (U)] < 退出 >: (选择要偏移的图形)
指定要偏移的那一侧上的点,或 [退出 (E)/ 多个 (M)/ 放弃 (U)] < 退出 >: (指定偏移的方向)

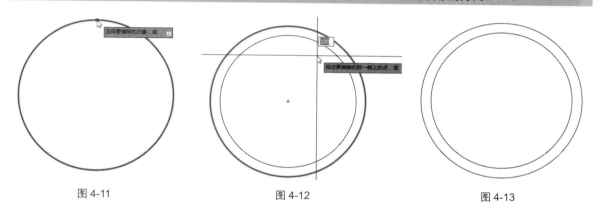

图 4-11　　　　　　　　　　图 4-12　　　　　　　　　　图 4-13

> **注意事项**
>
> 使用"偏移"命令时,如果偏移的对象是直线,则偏移后的直线大小不变;如果偏移的对象是圆、圆弧和矩形,其偏移后的对象将被缩小或放大。

实例:绘制休闲桌椅图形

下面将以绘制休闲桌椅图形为例,介绍偏移、镜像和旋转功能,其具体操作步骤如下。

Step01 执行"绘图"|"矩形"命令,绘制边长为 600mm 的矩形,如图 4-14 所示。

Step02 执行"修改"|"偏移"命令,将矩形向内依次偏移 80mm 和 15mm,如图 4-15 所示。

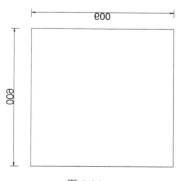

图 4-14

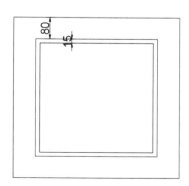

图 4-15

命令行提示如下：

```
命令 : _offset
当前设置 : 删除源 = 否 图层 = 源 OFFSETGAPTYPE=0
指定偏移距离或 [ 通过 (T)/ 删除 (E)/ 图层 (L)] <20.0000>: 80  （设置偏移距离，按回车键）
选择要偏移的对象，或 [ 退出 (E)/ 放弃 (U)] < 退出 >: （选择矩形）
指定要偏移的那一侧上的点，或 [ 退出 (E)/ 多个 (M)/ 放弃 (U)] < 退出 >: （向内指定任意点，按 2 次回车键）
命令 :
OFFSET
当前设置 : 删除源 = 否 图层 = 源 OFFSETGAPTYPE=0
指定偏移距离或 [ 通过 (T)/ 删除 (E)/ 图层 (L)] <80.0000>: 15  （设置偏移距离）
选择要偏移的对象，或 [ 退出 (E)/ 放弃 (U)] < 退出 >: （选择偏移后的矩形）
指定要偏移的那一侧上的点，或 [ 退出 (E)/ 多个 (M)/ 放弃 (U)] < 退出 >: （向内指定任意点，按回车键）
选择要偏移的对象，或 [ 退出 (E)/ 放弃 (U)] < 退出 >:
```

> **注意事项**
>
> 在执行偏移命令时，一定要先设置偏移参数，然后选择偏移的图形。如果顺序错乱，将无法进行偏移操作。

Step03 执行"修改"|"圆角"命令，设置圆角半径为 60mm，对大矩形进行圆角操作，如图 4-16 所示。

命令行提示如下：

```
命令 : _fillet
当前设置 : 模式 = 修剪，半径 = 0.0000
选择第一个对象或 [ 放弃 (U)/ 多段线 (P)/ 半径 (R)/ 修剪 (T)/ 多个 (M)]: r （选择"半径"选项）
指定圆角半径 <0.0000>: 60 （输入半径值）
选择第一个对象或 [ 放弃 (U)/ 多段线 (P)/ 半径 (R)/ 修剪 (T)/ 多个 (M)]: （选择矩形一条边线）
选择第二个对象，或按住 Shift 键选择对象以应用角点或 [ 半径 (R)]: （选择矩形另一条相邻的边线，按回车键重复圆角操作）
```

Step04 执行"直线"命令，绘制装饰线，绘制出桌子图形，如图 4-17 所示。

Step05 执行"矩形"命令，绘制边长为 400mm 的正方形，如图 4-18 所示。

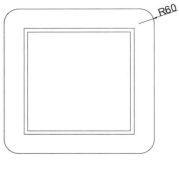

图 4-16　　　　　　　　图 4-17

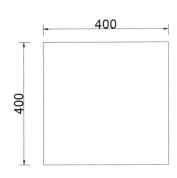

图 4-18

Step06 执行"修改"|"圆角"命令，设置圆角半径为 200mm 和 20mm，对刚绘制的正方形进行圆角操作，完成座椅轮廓图形的绘制，结果如图 4-19 所示。

Step07 执行"分解"命令，选中刚绘制的座椅图形，按回车键，将其进行分解。执行"修改"|"偏移"命令，将座椅轮廓向外依次偏移 8mm、30mm，如图 4-20 所示。

Step08 执行"直线"命令，绘制直线完成座椅的绘制，再将图形移动到合适的位置，完成座椅扶手的绘制，如图 4-21 所示。

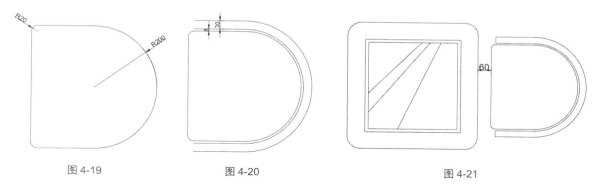

图 4-19   图 4-20   图 4-21

Step09 执行"修改"|"镜像"命令，选中座椅图形，将其以休闲桌中心线为镜像线，进行镜像复制操作，如图 4-22 所示。

命令行提示如下：

命令：_mirror
选择对象：指定对角点：找到 18 个（选中座椅图形，按回车键）
选择对象：
指定镜像线的第一点：（捕捉矩形上边线的中心点）
指定镜像线的第二点：（捕捉矩形下边线的中心点）
要删除源对象吗？[是 (Y)/ 否 (N)] < 否 >:（按回车键，完成镜像）

Step10 执行"修改"|"旋转"命令，选择座椅图形，以休闲桌中心点为旋转基点，再根据命令行提示输入命令"C"，旋转并复制图形，完成休闲桌椅图形的绘制，如图 4-23 所示。

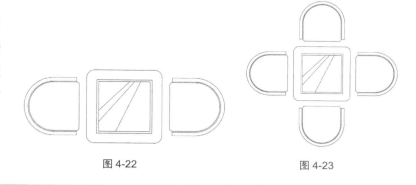

图 4-22   图 4-23

命令行提示如下：

命令：_rotate
UCS 当前的正角方向：ANGDIR= 逆时针 ANGBASE=0
选择对象：指定对角点：找到 18 个
选择对象：指定对角点：找到 18 个，总计 36 个 （选中两个座椅图形，按回车键）
选择对象：
指定基点：（捕捉休闲桌中心点）
指定旋转角度，或 [复制 (C)/ 参照 (R)] <90>: c （向上移动鼠标，并选择"复制"选项，按回车键）
旋转一组选定对象。
指定旋转角度，或 [复制 (C)/ 参照 (R)] <90>:

■ 4.1.6 阵列图形

阵列图形是一种有规则的复制图形命令，当绘制的图形需要按照有规则的分布时，就可使用阵列图形命令解决，阵列图形包括矩形阵列、环形阵列和路径阵列 3 种。用户可通过以下方式调用阵列命令。

◎ 在菜单栏中，执行"修改"|"阵列"命令。

◎ 在"默认"选项卡"修改"面板中，单击"阵列" ⊞ 命令下拉菜单按钮选择阵列方式。

◎ 在命令行中输入"AR"快捷命令并按回车键。

1. 矩形阵列

矩形阵列是指图形呈矩形结构阵列，执行矩形阵列命令后，系统会打开"阵列创建"选项卡，如图 4-24 所示。在此可以对阵列的行数、列数、层数以及间隔距离进行设置。

图 4-24

2. 环形阵列

环形阵列是指图形呈环形结构阵列。在执行"环形阵列"命令后，在"阵列创建"选项卡中，用户可以根据需要设置阵列的项目数、每个项目之间的距离等，如图 4-25 所示。

图 4-25

3. 路径阵列

路径阵列命令是图形根据指定的路径进行阵列，路径可以是曲线、弧线、折线等线段。执行"路径阵列"命令后，在打开的"阵列创建"选项卡中根据需要设置相关参数即可，如图 4-26 所示。

图 4-26

在执行阵列命令时，用户也可结合命令行中相关的提示信息进行设置。

> **注意事项**
>
> 完成阵列操作后，其阵列后的图形是一个整体。如果需要对其中一个图形进行编辑的话，需要先分解，再编辑。

4.1.7 倒角和圆角

在绘制过程中，对于两条相邻的边界多出的线段，倒角和圆角都可以进行修剪。倒角是对图形相邻的两条边进行修饰，而圆角则是根据指定圆弧半径来进行倒角，如图 4-27、图 4-28 所示分别为倒角和圆角操作后的效果。

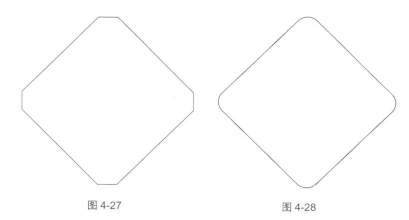

图 4-27　　　　　　　　　图 4-28

1. 倒角

执行"倒角"命令可以将绘制的图形进行倒角，既可修剪多余的线段，还可设置图形中两条边的倒角距离和角度。用户可通过以下方式调用倒角命令。

◎ 在菜单栏中，执行"修改"|"倒角"命令。

◎ 在"默认"选项卡"修改"面板中单击"倒角"按钮 。

◎ 在命令行中输入"CHA"快捷命令并按回车键。

用户执行"倒角"命令后，根据命令行的提示，先设置好倒角的距离，默认情况下为 0。然后再根据需要选择两条倒角边线即可。

命令行提示如下：

```
命令 : _chamfer
("修剪"模式) 当前倒角距离 1 = 0.0000，距离 2 = 0.0000
选择第一条直线或 [ 放弃 (U)/ 多段线 (P)/ 距离 (D)/ 角度 (A)/ 修剪 (T)/ 方式 (E)/ 多个 (M)]: d（选择"距离"选项，按回车键）
指定 第一个 倒角距离 <0.0000>: 10（输入倒角距离，按回车键）
指定 第二个 倒角距离 <10.0000>:（输入第 2 个倒角距离，如果两个倒角相同，只需再按回车键）
选择第一条直线或 [ 放弃 (U)/ 多段线 (P)/ 距离 (D)/ 角度 (A)/ 修剪 (T)/ 方式 (E)/ 多个 (M)]:（选择两条倒角边）
选择第二条直线，或按住 Shift 键选择直线以应用角点或 [ 距离 (D)/ 角度 (A)/ 方法 (M)]:
```

2. 圆角

圆角是指通过指定的圆弧半径大小将多边形的边界棱角部分光滑连接起来。圆角是倒角的一种表现形式。用户可通过以下方式调用圆角命令。

◎ 在菜单栏中，执行"修改"|"倒角"命令。

◎ 在"默认"选项卡"修改"面板中单击"圆角"按钮 。

◎ 在命令行中输入"F"命令并按回车键。

用户执行"圆角"命令后，同样先设置好圆角半径，然后输入半径值，在命令行中输入"R"后，设置命令行提示如下：

```
命令 : _fillet
当前设置 : 模式 = 修剪，半径 = 0.0000
选择第一个对象或 [ 放弃 (U)/ 多段线 (P)/ 半径 (R)/ 修剪 (T)/ 多个 (M)]: r（选择"半径"选项，按回车键）
```

指定圆角半径 <0.0000>: 20 （输入半径值，按回车键）
选择第一个对象或 [放弃 (U)/ 多段线 (P)/ 半径 (R)/ 修剪 (T)/ 多个 (M)]: （选择两条倒角边）
选择第二个对象，或按住 Shift 键选择对象以应用角点或 [半径 (R)]:

实例：绘制燃气灶图形

下面利用矩形、圆、直线、偏移、镜像、阵列、修剪等命令绘制一个燃气灶图形，其绘制步骤如下。

Step01 执行"矩形"命令，根据命令行的提示，先设置好圆角半径值 20mm，然后绘制长 750mm，宽 440mm 的圆角矩形，如图 4-29 所示。

命令行提示如下：

命令 : _rectang
指定第一个角点或 [倒角 (C)/ 标高 (E)/ 圆角 (F)/ 厚度 (T)/ 宽度 (W)]: f （选择"圆角"选项）
指定矩形的圆角半径 <0.0000>: 20 （设置圆角半径参数）
指定第一个角点或 [倒角 (C)/ 标高 (E)/ 圆角 (F)/ 厚度 (T)/ 宽度 (W)]: （指定矩形起点）
指定另一个角点或 [面积 (A)/ 尺寸 (D)/ 旋转 (R)]: d （选择"尺寸"选项）
指定矩形的长度 <10.0000>: 750 （设置长度值）
指定矩形的宽度 <10.0000>: 440 （设置宽度值，单击鼠标完成绘制）
指定另一个角点或 [面积 (A)/ 尺寸 (D)/ 旋转 (R)]:

Step02 执行"偏移"命令，将圆角矩形向内偏移 3mm，如图 4-30 所示。

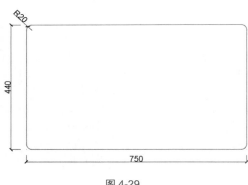

图 4-29   图 4-30

注意事项

圆角矩形绘制完成后，需要及时将圆角值恢复成默认 0 值。否则下次在绘制矩形时，还会以圆角矩形显示。

ACAA课堂笔记

Step03 执行"圆"命令，绘制三个半径分别为 110mm、60mm、40mm 的同心圆，移动至合适的位置，如图 4-31 所示。

Step04 执行"矩形"命令，绘制长 75mm，宽 5mm 的矩形，并放置到合适的位置，如图 4-32 所示。

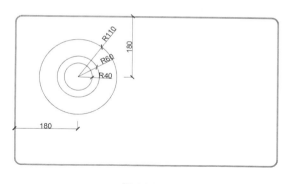

图 4-31   图 4-32

Step05 执行"修改"|"阵列"|"环形阵列"命令，选择圆心为阵列中心，设置阵列项目数为 4，对矩形进行阵列复制，如图 4-33 所示。

命令行提示如下：

```
命令：_arraypolar
选择对象：找到 1 个 ( 选择矩形，按回车键 )
选择对象：
类型 = 极轴  关联 = 是
指定阵列的中心点或 [ 基点 (B)/ 旋转轴 (A)]：（捕捉同心圆的圆心点）
选择夹点以编辑阵列或 [ 关联 (AS)/ 基点 (B)/ 项目 (I)/ 项目间角度 (A)/ 填充角度 (F)/ 行 (ROW)/ 层 (L)/ 旋转项目
(ROT)/ 退出 (X)] < 退出 >:I （选择"项目"选项）
输入阵列中的项目数或 [ 表达式 (E)]<6>: 4 （输入阵列数值，按 2 次回车键）
选择夹点以编辑阵列或 [ 关联 (AS)/ 基点 (B)/ 项目 (I)/ 项目间角度 (A)/ 填充角度 (F)/ 行 (ROW)/ 层 (L)/ 旋转项目
(ROT)/ 退出 (X)] < 退出 >:
```

Step06 执行"修剪"命令，先选中阵列后的矩形，然后再选择矩形中要修剪的线段，如图 4-34 所示。

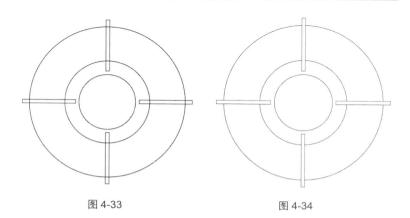

图 4-33   图 4-34

命令行提示如下：

```
命令：_trim
当前设置：投影 =UCS，边 = 无
选择剪切边 ...
选择对象或 < 全部选择 >: 找到 1 个 （选择矩形，按回车键）
```

Step07 执行"圆"命令，绘制半径分别为 23mm 和 19mm 的同心圆，如图 4-35 所示。

Step08 执行"直线"命令，捕捉圆心，并绘制小圆的中心线。然后执行"偏移"命令，将中心线向两侧分别偏移 4mm，如图 4-36 所示。

Step09 执行"修剪"命令，修剪多余的线段，结果如图 4-37 所示。

Step10 执行"圆角"命令，设置圆角半径为 2mm，对修剪后的图形进行圆角操作，如图 4-38 所示。

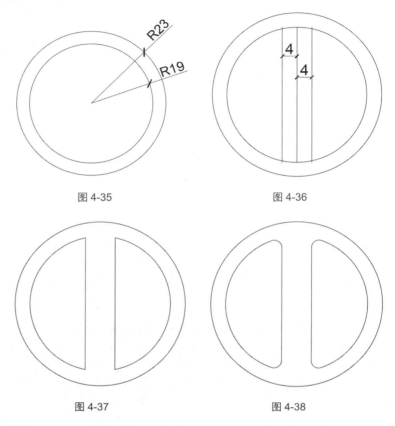

图 4-35   图 4-36

图 4-37   图 4-38

Step11 执行"移动"命令，将绘制好的图形，移动到燃气灶合适的位置，完成开关按钮的绘制，如图 4-39 所示。

Step12 执行"镜像"命令，选中绘制好的炉孔和开关图形，以矩形的垂直中线为镜像线进行镜像复制操作，如图 4-40 所示。

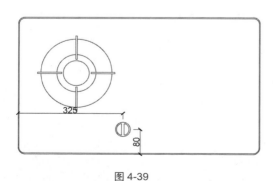

图 4-39   图 4-40

AutoCAD 2020 室内设计 课堂实录

命令行提示如下：

命令：_mirror
选择对象：指定对角点：找到 7 个 （选中炉孔和开关，按回车键）
选择对象：指定镜像线的第一点：（捕捉矩形上边线的中点）
指定镜像线的第二点：（捕捉矩形下边线的中点）
要删除源对象吗？［是 (Y)/ 否 (N)] < 否 >:（按回车键，完成操作）

Step13 执行"直线"命令，任意绘制斜线并调整图形颜色，完成燃气灶图形的绘制，如图 4-41 所示。

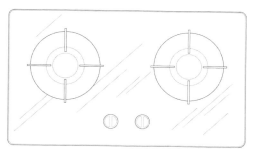

图 4-41

■ 4.1.8 缩放图形

在绘图过程中常会遇到图形比例不合适的情况，这时就可以使用缩放工具。缩放图形对象可以让图形对象相对于基点进行比例缩放，同时也可以进行多次复制。用户可通过以下方式调用缩放命令。

◎ 在菜单栏中，执行"修改"|"缩放"命令。
◎ 单击"默认"选项卡中"修改"面板中的"缩放" 按钮。
◎ 在命令行中输入"SC"快捷命令并按回车键。

在执行"缩放"命令后，根据命令行提示，选中要缩放的图形，设定好缩放的比例值即可，如图 4-42、图 4-43、图 4-44 所示。

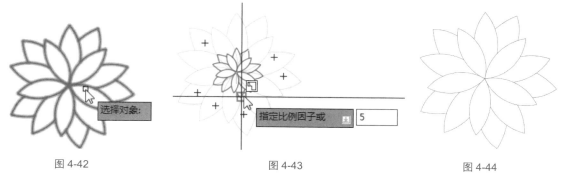

图 4-42 　　　　　　　　　　图 4-43 　　　　　　　　　　图 4-44

命令行提示如下：

命令：SCALE
选择对象：指定对角点：找到 1 个 （选中需缩放的图形，按回车键）
选择对象：
指定基点：（指定图形缩放基点）
指定比例因子或 [复制 (C)/ 参照 (R)]: 5 （输入缩放比例值）

■ 4.1.9 拉伸图形

拉伸图形就是通过窗选或者多边形框选的方式拉伸对象。而对于某些对象类型（例如圆、椭圆和块）无法进行拉伸操作。用户可通过以下方式调用拉伸命令。

◎ 在菜单栏中，执行"修改"|"拉伸"命令。

◎ 在"默认"选项卡"修改"面板单击"拉伸"按钮 。

◎ 在命令行中输入"STRETCH"命令并按回车键。

执行"拉伸"命令后，使用窗选的方式（从右往左框选），选择要拉伸的图形，按回车键，并捕捉拉伸基点即可进行拉伸操作，如图 4-45、图 4-46、图 4-47 所示。

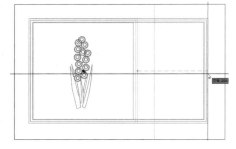

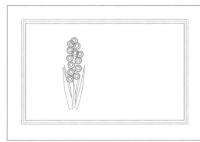

图 4-45   图 4-46   图 4-47

命令行提示如下：

```
命令 : _stretch
以交叉窗口或交叉多边形选择要拉伸的对象 ...
选择对象 : 指定对角点 : 找到 4 个 （窗选所需图形，按回车键）
选择对象 :
指定基点或 [ 位移 (D)] < 位移 >:（指定拉伸基点，并移动鼠标进行拉伸操作）
指定第二个点或 < 使用第一个点作为位移 >:（指定新基点）
```

> **注意事项**
>
> 在进行拉伸操作时，需要使用窗选模式来选择图形，否则只能将图形移动。圆形和图块是不能被拉伸的。

■ 4.1.10 延伸图形

延伸图形可将指定的图形延伸到指定的边界。用户可通过以下方式调用延伸命令。

◎ 在菜单栏中，执行"修改"|"延伸"命令。

◎ 在"默认"选项卡"修改"面板中单击"延伸"按钮 。

◎ 在命令行中输入"EX"快捷命令并按回车键。

执行"延伸"命令后，先选中所需延长到的边界线，按回车键，再选择要延长的图形对象，按回车键即可完成延伸操作，如图 4-48、图 4-49、图 4-50 所示。

命令行提示如下：

```
命令 : _extend
当前设置 : 投影 =UCS，边 = 无
```

選擇邊界的邊 ...
選擇對象或 < 全部選擇 >: 找到 1 個
選擇對象：
選擇要延伸的對象，或按住 Shift 鍵選擇要修剪的對象，或
[欄選 (F)/ 窗交 (C)/ 投影 (P)/ 邊 (E)/ 放棄 (U)]:
選擇要延伸的對象，或按住 Shift 鍵選擇要修剪的對象，或
[欄選 (F)/ 窗交 (C)/ 投影 (P)/ 邊 (E)/ 放棄 (U)]:

图 4-48

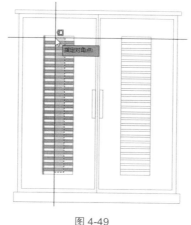
图 4-49

图 4-50

知识点拨

使用"延伸"命令可以一次性选择多条要进行延伸的线段，要重新选择边界线只需按住 Shift 键然后将原来的边界线取消即可。按下 Ctrl+Z 组合键可取消上一次的延伸，按下 Esc 键可退出延伸操作。

■ 4.1.11 修剪图形

修剪图形是将图形多余的部分进行修剪。用户可通过以下方式调用修剪命令。

◎ 在菜单栏中，执行"修改"|"修剪"命令。

◎ 在"默认"选项卡中，单击"修改"面板的下拉菜单按钮，在弹出的列表中单击"修剪"按钮 ▼。

◎ 在命令行中输入"TR"快捷命令并按回车键。

执行"修剪"命令，根据命令行中的提示，先选择需要剪切边，按回车键，再选择要剪掉的线段即可，如图 4-51、图 4-52、图 4-53 所示。

命令行提示如下：

命令：_trim
当前设置：投影 =UCS，边 = 无
选择剪切边 ...
选择对象或 < 全部选择 >: 找到 16 个 （选择修剪的边线，按回车键）
选择对象：

选择要修剪的对象，或按住 Shift 键选择要延伸的对象，或

[栏选 (F)/ 窗交 (C)/ 投影 (P)/ 边 (E)/ 删除 (R)/ 放弃 (U)]：（选择需剪掉的线段）

选择要修剪的对象，或按住 Shift 键选择要延伸的对象，或

[栏选 (F)/ 窗交 (C)/ 投影 (P)/ 边 (E)/ 删除 (R)/ 放弃 (U)]：

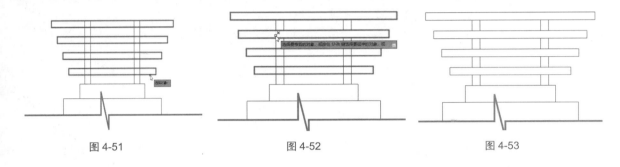

图 4-51　　　　　　　　　　图 4-52　　　　　　　　　　图 4-53

实例：绘制中式窗图形

下面利用矩形、偏移、修剪等命令绘制一个中式窗户图形，其具体操作步骤如下。

Step01 执行"矩形"命令，绘制一个长 730mm，宽 610mm 的矩形。再执行"偏移"命令，将矩形向内偏移 50mm，如图 4-54 所示。

Step02 执行"分解"命令，选择偏移后的矩形，按回车键将其分解。执行"偏移"命令，依次偏移图形，偏移尺寸如图 4-55 所示。

Step03 执行"修剪"命令，框选矩形内所有偏移的线段，按回车键，修剪出窗格轮廓图形，如图 4-56、图 4-57、图 4-58 所示。

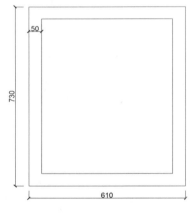

图 4-54

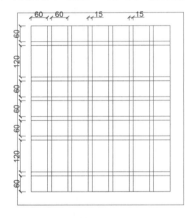

图 4-55

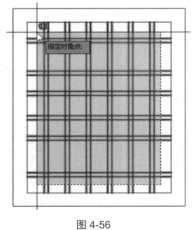

图 4-56

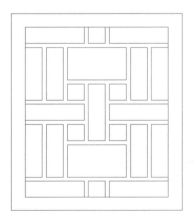

图 4-57　　　　　　　　　　图 4-58

命令行提示如下：

```
命令 : _trim
当前设置 : 投影 =UCS，边 = 无
选择剪切边 ...
选择对象或 < 全部选择 >: 找到 24 个 （框选所有偏移的线段，按回车键）
选择对象 :
选择要修剪的对象，或按住 Shift 键选择要延伸的对象，或
[ 栏选 (F)/ 窗交 (C)/ 投影 (P)/ 边 (E)/ 删除 (R)/ 放弃 (U)]:（选择需剪掉的线段，直到结束）
选择要修剪的对象，或按住 Shift 键选择要延伸的对象，或
[ 栏选 (F)/ 窗交 (C)/ 投影 (P)/ 边 (E)/ 删除 (R)/ 放弃 (U)]:
```

Step04 执行"直线"命令，绘制四个角线，即可完成中式窗图形的绘制，如图 4-59 所示。

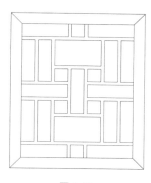

图 4-59

4.2 图形图案的填充

有时为了区分所使用的材料，用户可以为其图形填充一些相应的材质图案。例如绘制顶棚布置图和地板材质图时，便会有图案填充的操作。下面将对图案填充功能进行详细介绍。

■ 4.2.1 图案填充

图案填充是一种使用图形图案对指定的图形区域进行填充的操作。用户可通过以下方式调用图案填充命令。

◎ 在菜单栏中，执行"绘图"|"图案填充"命令。

◎ 在"默认"选项卡"绘图"面板中单击"图案填充"按钮▩。

◎ 在命令行中输入"H"快捷命令并按回车键。

要进行图案填充前，首先需要对图案的基本参数进行设置。用户可通过"图案填充创建"选项卡进行设置，如图 4-60 所示。

图 4-60

下面将对常用的填充设置选项进行说明。

1. 图案

在"图案填充创建"选项卡的"图案"面板中，单击右侧下拉三角按钮，可打开图案列表。用户可以在该列表中选择所需的图案进行填充，如图 4-61 所示。

2. 特性

在"特性"面板中，用户可以根据需要选择图案的类型█、图案填充颜色█、图案透明度█·、图案填充角度█、图案填充比例█等，如图 4-62 所示的是设置填充颜色。

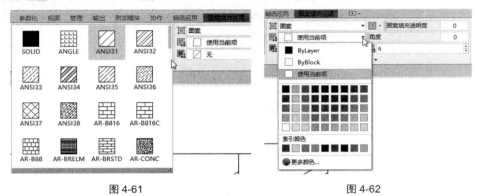

图 4-61   图 4-62

图 4-63、图 4-64 是不同的角度和比例的图案填充后的效果。

图 4-63   图 4-64

3. 原点

许多图案填充需要对齐填充边界上的某一点。在"原点"面板中可设置图案填充原点的位置。设置原点位置包括"指定的原点"和"使用当前原点"两种选项，如图 4-65 所示。

图 4-65

在该面板中，用户可以自定义原点位置，通过指定左下█、右下█、左上█、右上█和中心点█位置作为图案填充的原点进行填充。

"使用当前原点"█：可以使用当前 UCS 的原点（0，0）作为图案填充的原点。

"存储为默认原点"█：可以将指定的原点存储为默认的填充图案原点。

4. 边界

在"边界"面板中，用户可以选择填充图案的边界，也可以进行删除边界、重新创建边界等操作。

◎ 拾取点：将拾取点放置在任意填充区域上，会预览填充效果，如图 4-66 所示，单击鼠标左键，即可完成图案填充。

◎ 选择：根据选择的边界填充图形，随着选择的边界增加，填充的图案面积也会增加，如图 4-67 所示。

◎ 删除边界：在利用拾取点或者选择对象定义边界后，单击删除边界按钮，可以取消系统自动选取或用户选取的边界。形成新的填充区域。

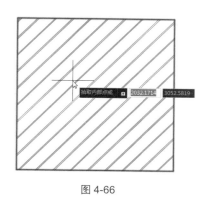

图 4-66

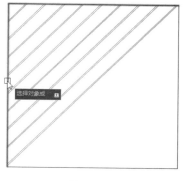

图 4-67

5. 选项

该选项组用于设置图案填充的一些附属功能，其中包括注释性、关联、创建独立的图案填充、绘图次序和继承特性等功能。单击"选项"面板右侧下拉三角按钮，可打开"图案填充和渐变色"对话框，如图 4-68 所示。在该对话框中，用户可对填充参数进行详细的设置。单击"更多"按钮，展开"孤岛"设置面板，在此设置图案填充的显示样式，如图 4-69 所示。

图 4-68

图 4-69

■ 4.2.2 渐变色填充

渐变色填充是使用渐变颜色对指定的图形区域进行填充的操作，可创建单色或者双色渐变色。要进行渐变色填充前，首先需要进行设置，用户既可通过"图案填充"选项卡进行设置，如图 4-70 所示，也可在"图案填充和渐变色"对话框中进行设置。

图 4-70

用户在命令行输入"H"快捷命令后,按回车键,再输入"T"快捷命令,即可打开"图案填充和渐变色"对话框。切换到"渐变色"选项卡,如图4-71、图4-72所示分别为单色渐变色的设置面板和双色渐变色的设置面板。

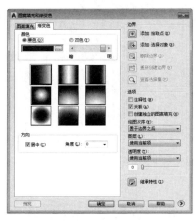

图 4-71

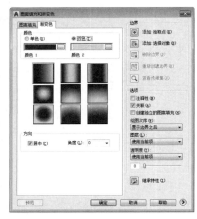

图 4-72

实例: 完善两居室平面布置图

下面以两居室平面图为例介绍图案填充,其具体操作步骤如下。

Step01 打开本书配套的素材文件,如图 4-73 所示。

Step02 执行"直线"命令,捕捉绘制直线,封闭门洞,如图 4-74 所示。

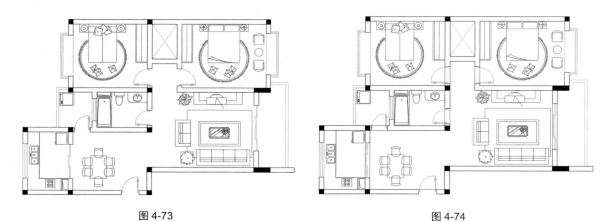

图 4-73   图 4-74

Step03 打开图层特性管理器,新建"填充"图层,设置颜色为 9 号灰色,并设置该图层为当前层,如图 4-75 所示。

Step04 执行"图案填充"命令,在"图案填充创建"选项卡的"图案"面板中,选择大理石图案,设置填充比例为"150",颜色为 9 号灰色,填充飘窗平台及厨房橱柜台面,如图 4-76 所示。

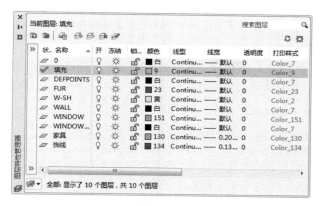

图 4-75

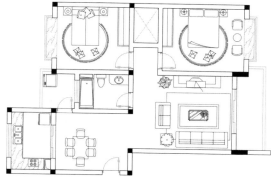

图 4-76

Step05 在"图案"面板中,选择"AR-CONC"图案,设置颜色选择过门石区域进行填充,如图 4-77 所示。

Step06 选择"DOLMIT"图案,设置比例为"20",填充卧室区域的木地板图案,如图 4-78 所示。

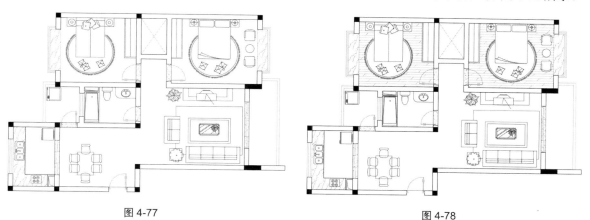

图 4-77   图 4-78

Step07 选择"ANGLE"图案,设置比例为"40",填充厨房、卫生间以及阳台区域的 300×300 地砖图案,如图 4-79 所示。

Step08 选择"ANSI37"图案,设置比例为"255",填充客厅、餐厅区域的 800×800 地砖图案,完成本次操作,如图 4-80 所示。

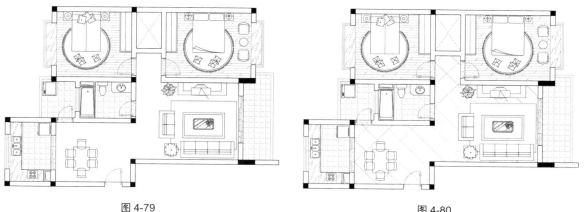

图 4-79   图 4-80

在学习了本章知识内容后，下面以绘制沙发组合平面图为例，介绍图形编辑功能的实际应用，以巩固所学的知识，做到学以致用。本案例所运用的编辑命令有：偏移、旋转、镜像等。具体操作步骤如下。

Step01 执行"矩形"命令，设置矩形尺寸 2100mm×850mm，绘制沙发平面，如图 4-81 所示。

Step02 执行"分解"命令，选中绘制的矩形，按回车键，即可将矩形分解。执行"偏移" 命令，设置偏移距离为 120mm，将图形向内偏移，如图 4-82 所示。

图 4-81   图 4-82

命令行提示如下：

```
命令：_offset
当前设置：删除源 = 否 图层 = 源 OFFSETGAPTYPE=0
指定偏移距离或 [ 通过 (T)/ 删除 (E)/ 图层 (L)] < 通过 >: 120 （输入偏移距离）
选择要偏移的对象，或 [ 退出 (E)/ 放弃 (U)] < 退出 >:（选择矩形上边线）
指定要偏移的那一侧上的点，或 [ 退出 (E)/ 多个 (M)/ 放弃 (U)] < 退出 >:（指定矩形内部点，按回车键）
选择要偏移的对象，或 [ 退出 (E)/ 放弃 (U)] < 退出 >:
```

Step03 执行"定数等分"命令，选择偏移后的线段，设置等分数量为 3，等分直线。执行"直线"命令，捕捉等分点，绘制等分线，如图 4-83 所示。

命令行提示如下：

```
命令：_divide
选择要定数等分的对象：（选中偏移后的线段）
输入线段数目或 [ 块 (B)]: 3 （输入等分点）
```

Step04 执行"圆角"命令，设置圆角半径为 50mm，选择两侧的边线，修剪圆角，如图 4-84 所示。

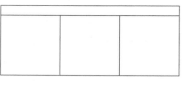
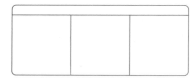

图 4-83   图 4-84

命令行提示如下：

```
命令：_fillet
当前设置：模式 = 修剪，半径 = 0.0000
选择第一个对象或 [ 放弃 (U)/ 多段线 (P)/ 半径 (R)/ 修剪 (T)/ 多个 (M)]: r （选择"半径"选项）
指定圆角半径 <0.0000>: 50 （输入半径值）
选择第一个对象或 [ 放弃 (U)/ 多段线 (P)/ 半径 (R)/ 修剪 (T)/ 多个 (M)]:（选择两条垂直的线段）
选择第二个对象，或按住 Shift 键选择对象以应用角点或 [ 半径 (R)]:
```

Step05 执行"矩形"命令，绘制两个长 150mm、宽 750mm 的矩形，分别放置在沙发两侧合适位置，完成沙发扶手图形的绘制，如图 4-85 所示。

Step06 执行"圆角"命令，将圆角半径设为 50mm，将沙发扶手进行圆角操作，结果如图 4-86 所示。

Step07 执行"矩形"命令，绘制一个长 700mm、宽 100mm 的矩形，作为沙发靠垫图形，放置在沙发合适位置，如图 4-87 所示。

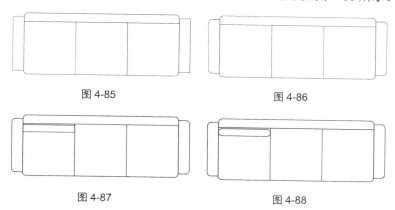

图 4-85

图 4-86

Step08 执行"圆角"命令，将圆角半径设为 50mm，将靠垫图形进行圆角操作，结果如图 4-88 所示。

图 4-87

图 4-88

Step09 选中靠垫图形，在"特性"面板中，将其"对象颜色"设为红色。执行"复制"命令，将靠垫进行复制操作，如图 4-89 所示。

命令行提示如下：

```
命令：_copy
选择对象：找到 1 个
选择对象：（选中靠垫）
当前设置：复制模式 = 多个
指定基点或 [ 位移 (D)/ 模式 (O)] < 位移 >：（指定所需复制的基点）
指定第二个点或 [ 阵列 (A)] < 使用第一个点作为位移 >：（指定目标基点）
指定第二个点或 [ 阵列 (A)/ 退出 (E)/ 放弃 (U)] < 退出 >：
指定第二个点或 [ 阵列 (A)/ 退出 (E)/ 放弃 (U)] < 退出 >：* 取消 *
```

Step10 执行"矩形"命令，绘制一个长 1200mm、宽 500mm 的正方形，并执行"偏移"命令，将正方形向内偏移 20mm，完成茶几图形的绘制，结果如图 4-90 所示。

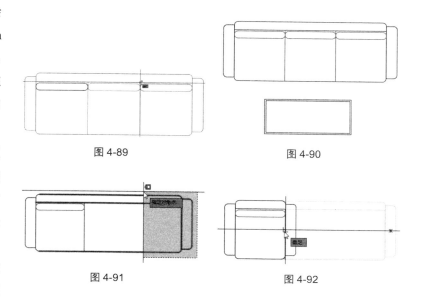

图 4-89

图 4-90

Step11 执行"复制"命令，复制沙发平面图。删除多余的线段。执行"拉伸"命令，从右下角至左上角框选右侧沙发轮廓，如图 4-91 所示。按回车键，将其向左拉伸至合适位置，如图 4-92 所示，完成单人沙发图形的绘制。

图 4-91

图 4-92

Step12 执行"旋转"命令，选中单人沙发图形，将旋转角度设为 45 度，调整好单人沙发位置，如图 4-93 所示。

命令行提示如下：

命令：_rotate
UCS 当前的正角方向：ANGDIR= 逆时针 ANGBASE=0
选择对象：指定对角点：找到 13 个（选择单人沙发图形，按回车键）
选择对象：
指定基点：（指定沙发图形的中点）
指定旋转角度，或 [复制 (C)/ 参照 (R)] <90>：45 （移动光标，输入旋转角度，按回车键）

Step13 执行"镜像"命令，将单人沙发以茶几的中心线为镜像线进行镜像复制操作，结果如图 4-94 所示。

命令行提示如下：

命令：_mirror
选择对象：指定对角点：找到 13 个（选择单人沙发图形，按回车键）
选择对象：
指定镜像线的第一点：（指定茶几上边线中心点）
指定镜像线的第二点：（指定茶几下边线中心点）
要删除源对象吗？[是 (Y)/ 否 (N)] < 否 >：（按回车键，完成操作）

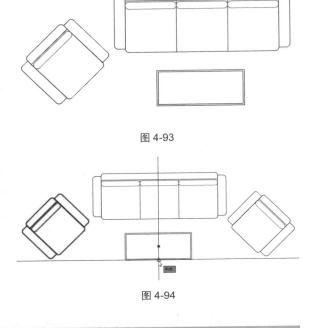

图 4-93

图 4-94

Step14 执行"图案填充"命令，在"图案填充创建"选项卡中，选择好填充的图案"AR-RROOFF"，设置填充角度为 45，填充比例为 10，调整一下填充颜色，如图 4-95 所示。

图 4-95

Step15 设置完成后，选中茶几图形，即可完成玻璃的填充效果，如图 4-96 所示。至此，沙发组合平面图绘制完成。

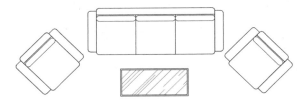

图 4-96

■ 课后作业

为了让用户能够更好地掌握本章所学的知识内容，下面将安排一些ACAA认证考试的模拟试题，让用户对所学的知识进行巩固和练习。

一、填空题

1. 想要达到图形进行旋转复制效果，则需要在命令行中先输入"_____"后按回车键，再输入旋转角度。

2. 执行"偏移"命令时，如果偏移的对象是直线，则偏移后的直线大小_____；如果偏移的对象是圆、圆弧和矩形，其偏移后的对象将被_____。

3. 执行阵列命令后，其阵列后的图形是一个整体。如果需要对其中一个图形进行编辑的话，需要先_____，再编辑。

4. 在进行拉伸操作时，需要_____来框选图形，否则只能将图形移动。_____是不能被拉伸的。

二、选择题

1. 执行矩形阵列命令选择对象后，默认创建几行几列图形？（   ）
   A. 2 行 3 列　　　　　　　　　　　　B. 3 行 2 列
   C. 3 行 4 列　　　　　　　　　　　　D. 4 行 3 列

2. 移动和平移命令的区别是：（   ）。
   A. 都是移动命令，效果一样
   B. 移动速度快，平移速度慢
   C. 移动的对象是图形，平移的对象是视图
   D. 移动的对象是视图，平移的对象是图形

3. 使用修剪命令，首先需定义剪切边，当未选择对象，按空格键，则（   ）。
   A. 退出该命令　　　　　　　　　　　B. 无法进行操作
   C. 所有显示的对象作为潜在的剪切边　　D. 提示要求选择剪切边

4. 在试图用修剪 (trim) 命令将左图编辑成右图时，一直无法完成，问题很可能是（   ）。
   A. 选择的修剪对象不合适
   B. 定义的边界不合适
   C. 定义的边界太长
   D. 修剪时"边（E）"选项的状态是"不延伸（N）"

三、操作题

1. 绘制休闲桌椅图形

本实例运用绘图、编辑命令，绘制一套休闲桌椅图形，效果如图 4-97 所示。

操作提示：

Step01 执行"圆""偏移""修剪""旋转"命令，绘制茶几和一个座椅图形。

Step02 执行"镜像"命令，将座椅图形进行镜像复制。

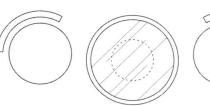

图 4-97

2．绘制植物图形

本实例利用绘制、编辑命令，绘制出植物图形，效果如图 4-98 所示。

图 4-98

操作提示：

Step01 执行"矩形""拉伸""环形阵列"命令，绘制出一朵植物图形。

Step02 执行"复制""缩放"命令，复制并缩放其他两朵植物图形。

第⟨5⟩章

图块、外部参照的应用

内容导读

　　在图纸绘制过程中，会经常将使用到的图形，编辑成图块来用，这样可提高绘图效率。本章将对图块的创建、保存以及调用等一些常用功能进行介绍。通过对本章内容的学习，用户可熟悉并掌握图块以及动态块的创建及应用。

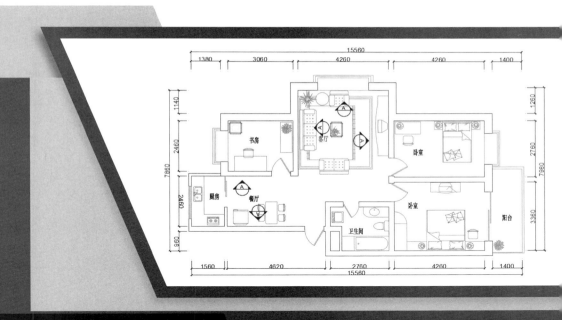

学习目标

- ≫ 掌握图块的创建方法
- ≫ 掌握图块的插入操作
- ≫ 掌握图块属性的编辑
- ≫ 熟悉块编写工具

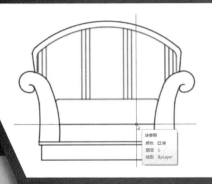

5.1 图块的创建与编辑

图块是由一个或多个对象组成的对象集合。它将不同的形状、线型、线宽和颜色的对象组合定义成块，利用图块可以减少大量重复的操作步骤，从而提高设计和绘图的效率。

5.1.1 创建图块

创建图块就是将已有的图形对象定义为图块。图块分为内部图块和外部图块两种，内部图块是跟随定义的文件一起保存的，存储在图形文件内部，只可以在存储的文件中使用，其他文件不能调用。用户可以通过以下方式创建内部图块。

◎ 在菜单栏中，执行"绘图"|"块"|"创建"命令。

◎ 在"插入"选项卡"块定义"面板中单击"创建块"按钮 。

◎ 在命令行中输入"B"快捷命令并按回车键。

执行以上任意一种方法均可打开"块定义"对话框，如图 5-1 所示。

图 5-1

实例：创建欧式沙发图块

下面以创建沙发图块为例介绍创建图块，其具体操作步骤如下。

Step01 执行"创建块"命令，打开"块定义"对话框。在"对象"选项组中单击"选择对象"按钮，如图 5-2 所示。

Step02 返回到绘图区，选择沙发图形，如图 5-3 所示。

Step03 按回车键返回"块定义"对话框。此时，选择的图形就会显示在"名称"列表框后。在"基点"选项组中单击"拾取点"按钮，如图 5-4 所示。

Step04 返回绘图区，指定沙发任意一点作为基点，如图 5-5 所示。

图 5-2

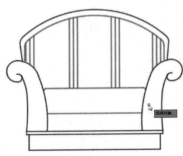

图 5-3

图 5-4

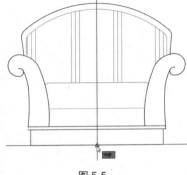

图 5-5

AutoCAD 2020 室内设计课堂实录

Step05 返回"块定义"对话框，在"名称"列表框中输入图块名称，如图5-6所示。

Step06 单击"确定"按钮即可完成图块的创建操作。将光标移动至创建的沙发图块上方，系统会显示该图块的相关信息，如图5-7所示。

图 5-6

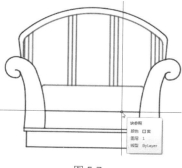

图 5-7

5.1.2 存储图块

存储图块是指将图形存储到本地磁盘中，用户可根据需要将图块插入其他图形文件中。用户可通过以下方式创建外部图块。

◎ 在"默认"选项卡"块定义"面板中单击"写块"按钮。

◎ 在命令行中输入"W"快捷命令并按回车键。

执行以上任意一种方法即可打开"写块"对话框，如图5-8所示。

> **知识点拨**
>
> "定义块"和"写块"都可以将对象转换为图块对象，但是它们之间还是有区别的。"定义块"创建的图块对象只能在当前文件中使用，不能用于其他文件。而"写块"创建的图块对象可以用于其他文件，可将创建的图块插入文件中。对于经常使用的图像对象，特别是标准间一类的图形可以将其写块保存，下次使用时直接调用该文件，可大大提高工作效率。

图 5-8

实例：保存沙发图块

下面以保存组合沙发图块为例，向用户介绍"写块"的创建，其具体操作步骤如下。

Step01 打开本书配套的素材文件，在命令行输入"W"快捷命令并按回车键，打开"写块"对话框，在"对象"选项组中单击"选择对象"按钮，如图5-9所示。

Step02 返回绘图区选择沙发图形对象，如图5-10所示。

图 5-9

图 5-10

Step03 按回车键后返回"写块"对话框，单击"拾取点"按钮，如图 5-11 所示。

Step04 返回绘图区，指定茶几中心点为图块的插入基点，如图 5-12 所示。

图 5-11

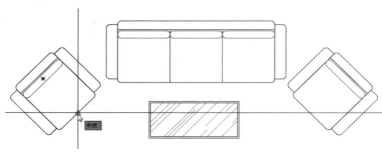

图 5-12

Step05 返回到"写块"对话框，单击文件和路径下拉列表右侧的按钮，打开"浏览图形文件"对话框，设置好图块文件名及路径，如图 5-13 所示。

Step06 单击"保存"按钮返回到"写块"对话框，单击"确定"按钮即可完成存储图块的操作，如图 5-14 所示。

图 5-13

图 5-14

5.1.3 插入图块

当图形被定义为图块之后，就可以使用"插入块"命令将图形插入当前图形中。用户可通过以下方式调用"插入块"命令。

◎ 在菜单栏中，执行"插入"|"块选项板"命令。

◎ 在"插入"选项卡"块"面板中单击"插入" 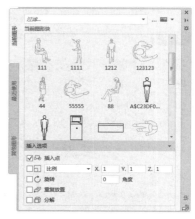 下拉三角按钮，选择"最近使用的块"选项。

◎ 在命令行中输入"I"命令并按回车键。

执行以上任意一种方法即可打开"块"设置面板，如图 5-15 所示。在该面板中，用户可通过"当前图形""最近使用"和"其他图形"这 3 个选项卡插入相应的图块。

"当前图形"选项卡主要是将当前图形中所有图块定义显示为图表或列表。

"最近使用"选项卡是显示最近插入的图块。

"其他图形"选项卡提供了一种导航到文件夹的方法（也可从其中选择图形作为图块插入或从这些图形中定义的图块中进行选择）。

图 5-15

该面板顶部包含多个控件，包括图块名称过滤器以及"缩略图大小和列表样式"选项等。选项卡底部则是"插入选项"参数设置面板，包括插入点、插入比例、旋转角度、重复放置、分解选项。

5.2 编辑图块属性

图块分为普通图块和属性图块，用户可以根据需求选择使用。以上讲解的是普通图块的创建与应用。接下来介绍如何创建并应用带属性的图块。

> **知识点拨**
>
> 属性图块是由图形对象和属性对象组成。对块添加属性后，其图块中的文字内容可以变化。这些属性图块在施工图纸中经常被运用到。

5.2.1 创建与附着属性

若要进行编辑和管理图块，就要先创建图块的属性，例如标记、提示符、属性值、文本格式等。使属性和图形一起定义在图块中，才能在后期进行编辑和管理。

用户可以通过以下方式创建与附着属性。

◎ 在菜单栏中，执行"绘图"|"块"|"定义属性"命令。

◎ 在"插入"选项卡"块定义"面板中单击"定义属性"按钮。

◎ 在命令行中输入"ATTDEF"命令并按回车键。

执行以上任意一种方法均可以打开"属性定义"对话框，如图 5-16 所示。

图 5-16

5.2.2 编辑块的属性

图块属性定义好后，如果不需要属性完全一致的图块，那么就需要对图块进行编辑操作。用户可在"增强属性编辑器"中对图块进行编辑。

用户可通过以下方式可打开"增强属性编辑器"对话框。

◎ 在菜单栏中，执行"修改"|"对象"|"属性"|"单个"命令，根据提示选择所需图块。

◎ 在命令行中输入"EATTEDIT"命令并按回车键，根据提示选择所需图块。

◎ 双击创建好的属性图块。

执行以上任意一种方法即可打开"增强属性编辑器"对话框，如图 5-17 所示。

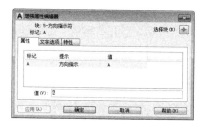

图 5-17

5.2.3 块属性管理器

在"插入"选项卡"块定义"面板中单击"管理属性"按钮，即可打开"块属性管理器"对话框，如图 5-18 所示。从中可编辑定义好的属性图块。

单击"编辑"按钮可以打开"编辑属性"对话框,在该对话框中可以修改定义图块的属性,如图5-19所示。单击"设置"按钮,可以打开"块属性设置"对话框,如图5-20所示,从中可以设置属性信息的列出方式。

图 5-18   图 5-19   图 5-20

实例:为户型图添加带属性的标高图块

下面以为一居室户型图添加带属性的标高图块为例,其具体操作步骤如下。

Step01 执行"直线"命令绘制标高符号,如图5-21所示。

Step02 在"块定义"面板中单击"定义属性"按钮,打开"属性定义"对话框,设置好"标记""默认"以及"文字高度"等参数,如图5-22所示。

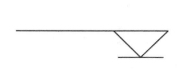

图 5-21   图 5-22

Step03 单击"确定"按钮返回绘图区,指定标记符号的基点,如图5-23所示。

Step04 设置完成后,在"插入"选项卡"块定义"面板中单击"写块"按钮,打开"写块"对话框,如图5-24所示。

Step05 单击"选择对象"按钮,在绘图区中选择标高图形,如图5-25所示。

Step06 按回车键返回到"写块"对话框,单击"拾取点"按钮,在绘图区中指定插入基点,如图5-26所示。

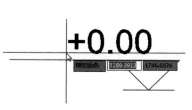

图 5-23   图 5-24

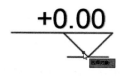

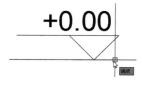

图 5-25   图 5-26

AutoCAD 2020 室内设计课堂实录

Step07 单击确定插入点，返回"写块"对话框，设置目标的文件名和路径，单击"确定"按钮，如图 5-27 所示。

Step08 打开本书配套的素材文件，在"插入"面板中单击"插入"下三角按钮。打开"块"选项面板，选择刚保存好的标高图块，将其插入图纸中，如图 5-28 所示。

图 5-27

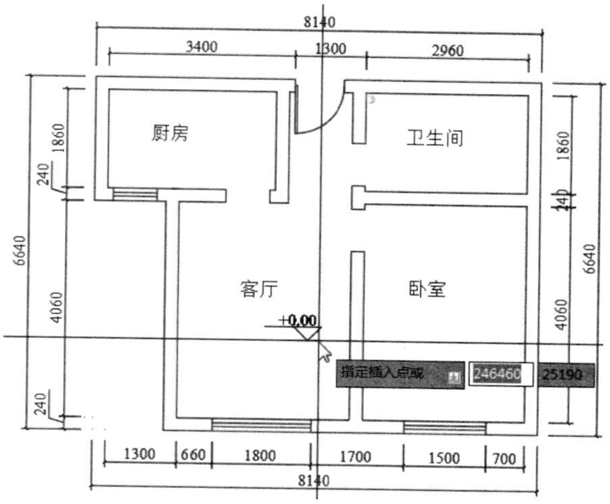

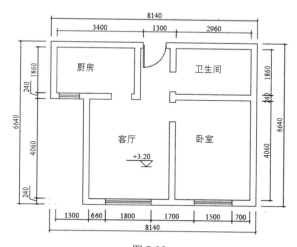

图 5-28

Step09 打开"编辑属性"对话框中输入所需标高值，如图 5-29 所示。

Step10 设置完成后，单击"确定"按钮。此时标高图块则显示出设置后的标高值，如图 5-30 所示。

图 5-29

图 5-30

ACAA课堂笔记

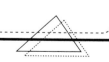

5.3 **外部参照的应用**

外部参照与图块有相似的地方，它们的主要区别是：一旦插入了图块，该图块就永久性地插入当前图形中，成为当前图形的一部分。而以外部参照方式将图形插入某一图形中后，被插入图形文件的信息并不直接加入主图形中，主图形只是记录参照的关系。另外，对主图形的操作不会改变外部参照图形文件的内容。当打开具有外部参照的图形时，系统会自动把各外部参照图形文件重新调入内存并在当前图形中显示出来。

5.3.1 附着外部参照

要使用外部参照图形，先要附着外部参照文件。用户可通过以下方法调出"附着外部参照"对话框。

◎ 在菜单栏中，执行"工具"|"外部参照和块在位编辑"|"打开参照"命令。

◎ 在"插入"选项卡的"参照"面板中单击"附着"按钮 。

执行以上任意一项操作，都能够打开"选择参照文件"对话框，如图 5-31 所示。在此选择所需的文件，单击"打开"按钮，即可打开"附着外部参照"对话框，如图 5-32 所示。从中可将图形文件以外部参照的形式插入当前的图形中。

图 5-31

图 5-32

在"附着外部参照"对话框中，各主要选项的含义介绍如下。

◎ 浏览：单击该按钮将打开"选择参照文件"对话框，从中可以为当前图形选择新的外部参照。

◎ 参照类型：用于指定外部参照为附着型还是覆盖型。与附着型的外部参照不同，当附着覆盖型外部参照的图形作为外部参照附着到另一图形时，将忽略该覆盖型外部参照。

◎ 比例：用于指定所选外部参照的比例因子。

◎ 插入点：用于指定所选外部参照的插入点。

◎ 路径类型：设置是否保存外部参照的完整路径。如果选择该选项，外部参照的路径将保存到数据库中，否则将只保存外部参照的名称而不保存其路径。

◎ 旋转：为外部参照引用指定旋转角度。

5.3.2 管理外部参照

用户可利用参照管理器对外部参照文件进行管理，如查看附着到 DWG 文件的文件参照，或者编辑附件的路径。参照管理器是一种外部应用程序，使用户可以检查图形文件可能附着的任何文件。用户可通过以下方式打开"外部参照"面板。

◎ 在菜单栏中，执行"插入"|"外部参照"命令。

◎ 在"插入"选项卡"参照"面板中单击右侧三角箭头按钮 。

◎ 在命令行中输入"XREF"命令并按回车键。

执行以上任意一种方法即可打开"外部参照"面板，如图 5-33 所示。其中各选项的含义介绍如下。

◎ 附着 ：单击"附着"按钮，即可添加不同格式的外部参照文件。
◎ 文件参照：显示当前图形中各种外部参照的文件的名称。
◎ 详细信息：显示外部参照文件的详细信息。
◎ 列表图 ：单击该按钮，设置图形以列表的形式显示。
◎ 树状图 ：单击该按钮，设置图形以树状的形式显示。

图 5-33

知识点拨

在文件参照列表框中，在外部文件上单击鼠标右键，即可打开快捷菜单，用户可根据快捷菜单的选项编辑外部文件。

5.3.3 编辑外部参照

图块和外部参照都被视为参照，用户可使用在位参照编辑来修改当前图形中的外部参照，也可重定义当前图形中的块定义。

用户可通过以下方式打开"参照编辑"对话框。

◎ 在菜单栏中，执行"工具"|"外部参照和块在位编辑"|"在位编辑参照"命令。
◎ 在"插入"选项卡"参照"面板中，单击"参照"下拉菜单按钮，在弹出的列表中单击"编辑参照"按钮 。
◎ 在命令行中输入"REFEDIT"命令并按回车键。
◎ 双击需要编辑的外部参照图形。

5.4 设计中心的使用

在 AutoCAD 设计中心选项板中，用户可浏览、查找、预览和管理 AutoCAD 图形，可将原图形中的任何内容拖动到当前图形中，还可对图形进行修改，使用起来非常方便。

5.4.1 设计中心选项板

设计中心向用户提供了一个高效且直观的工具，在"设计中心"选项板中，可以浏览、查找、预览和管理 AutoCAD 图形。用户可通过以下方法打开如图 5-34 所示的选项板。

◎ 在菜单栏中，执行"工具"|"选项板"|"设计中心"命令。
◎ 在"视图"选项卡的"选项板"面板中单击"设计中心"按钮 。
◎ 按 Ctrl+2 组合键。

图 5-34

设计中心选项板主要由工具栏、选项卡、内容窗口、树状视图窗口、预览窗口和说明窗口六部分组成。

1. 工具栏

工具栏控制着树状图和内容区中信息的显示。各选项作用如下。

◎ 加载：显示"加载"对话框（标准文件选择对话框）。使用"加载"浏览本地和网络驱动器或 Web 上的文件，然后选择内容加载到内容区域。

◎ 上一级：单击该按钮将会在内容窗口或树状视图中显示上一级内容、内容类型、内容源、文件夹、驱动器等内容。

◎ 主页：将设计中心返回到默认文件夹。可以使用树状图中的快捷菜单更改默认文件夹。

◎ 树状图切换：显示和隐藏树状视图。若绘图区域需要更多的空间，则可以隐藏树状图。树状图隐藏后，可以使用内容区域浏览容器并加载内容。在树状图中使用"历史记录"列表时，"树状图切换"按钮不可用。

◎ 预览：显示和隐藏内容区域窗格中选定项目的预览。

◎ 说明：显示和隐藏内容区域窗格中选定项目的文字说明。

2. 选项卡

设计中心共有 3 个选项卡，分别为"文件夹""打开的图形"和"历史记录"。

◎ 文件夹：该选项卡可方便地浏览本地磁盘或局域网中所有的文件夹、图形和项目内容。

◎ 打开的图形：该选项卡显示了所有打开的图形，以便查看或复制图形内容。

◎ 历史记录：该选项卡主要用于显示最近编辑过的图形名称及目录。

■ 5.4.2 插入设计中心内容

使用设计中心功能，可以很方便地在当前图形中插入图块、引用图像和外部参照，以及在图形之间复制图层、图块、线型、文字样式、标注样式和用户定义等内容。

打开"设计中心"对话框，在"文件夹列表"中，查找文件的保存目录，并在内容区域选择需要插入为图块的图形，右击鼠标，在打开的快捷菜单中选择"插入为块"命令，如图 5-35 所示。打开"插入"对话框，单击"确定"按钮即可，如图 5-36 所示。

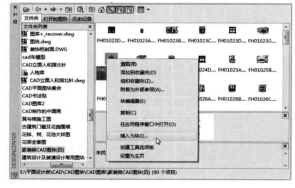

图 5-35

图 5-36

ACAA课堂笔记

AutoCAD 2020 室内设计课堂实录

■ 课堂实战　为客厅平面图添加指向标识

立面指向图标在施工图中是必须要有的。施工人员会根据平面图中所绘制的指向标识，并结合相应的立面图进行施工。下面为客厅平面图添加带有属性的指向标识，从而完善平面图。具体绘制步骤如下。

Step01 利用直线、圆形、镜像、修剪、图案填充命令绘制如图 5-37 所示的图形。

Step02 执行"绘图"|"块"|"定义属性"命令打开"属性定义"对话框，将"标记"和"默认"属性都设为"A"，将"文字高度"设为"300"，如图 5-38 所示。

Step03 单击"确定"按钮返回绘图区，指定标记符号的基点，如图 5-39 所示。

Step04 单击完成创建，如图 5-40 所示。

Step05 设置完成后，在"插入"选项卡"块定义"面板中单击"创建块"下拉按钮，选择"写块"选项，打开"写块"对话框，如图 5-41 所示。

Step06 单击"选择对象"按钮，在绘图区中选择图形，如图 5-42 所示。

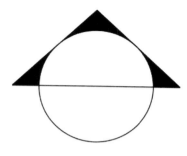

图 5-37

图 5-38

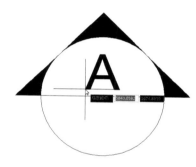

图 5-39

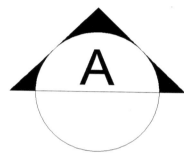

图 5-40

图 5-41

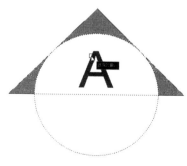

图 5-42

Step07 按回车键返回到"写块"对话框，单击"拾取点"按钮，在绘图区中指定插入基点，如图 5-43 所示。

Step08 单击确定插入点，即可返回到"写块"对话框，设置目标的文件名和路径，单击"确定"按钮，如图 5-44 所示。

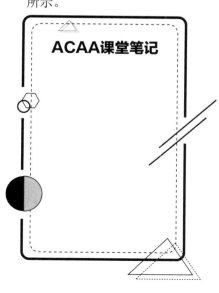

ACAA课堂笔记

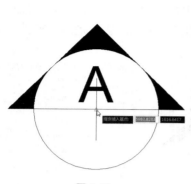

图 5-43   图 5-44

Step09 返回到"写块"对话框，单击"确定"按钮，即可完成图块的创建，如图 5-45 所示。

Step10 打开本书配套的素材文件，如图 5-46 所示。

图 5-45

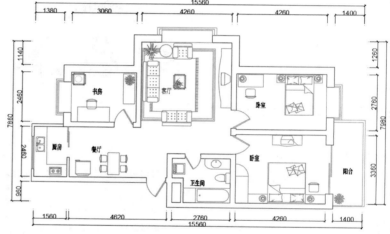

图 5-46

Step11 在"块"面板中单击"插入"下拉三角按钮，选择"最近使用的块"选项，打开"块"设置面板，如图 5-47 所示。

Step12 选择刚保存的图块，并在客厅平面区域中指定好插入点，如图 5-48 所示。

图 5-47

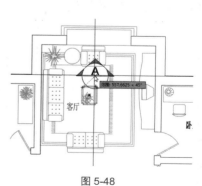

图 5-48

AutoCAD 2020 室内设计课堂实录

Step13 在打开的"编辑属性"对话框中,直接单击"确定"按钮,完成该标识图块的插入操作,如图 5-49 所示。

Step14 执行"复制"和"旋转"命令,复制指向标识图块,并进行旋转操作,将其放置平面图其他所需位置处,如图 5-50 所示。

图 5-49

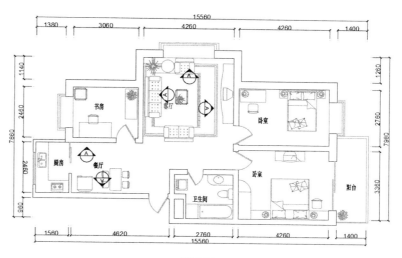

图 5-50

Step15 双击其中一个指向标识图块,会弹出"增强属性编辑器"对话框,修改"属性"值为 B,如图 5-51 所示。

Step16 单击"确定"按钮后可以看到修改后的符号,如图 5-52 所示。

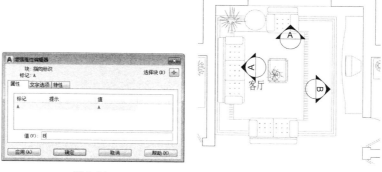

图 5-51

图 5-52

ACAA课堂笔记

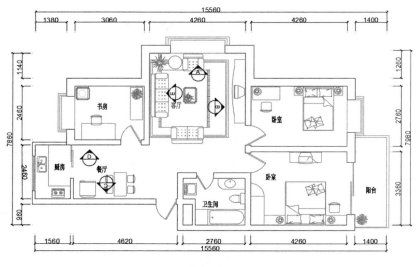

图 5-53

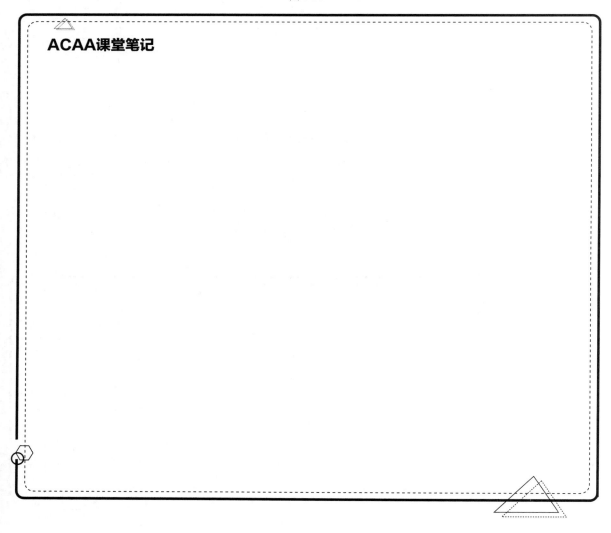

ACAA课堂笔记

■ **课后作业**

为了让用户能够更好地掌握本章所学的知识内容，下面将安排一些 ACAA 认证考试的模拟试题，让用户对所学的知识进行巩固和练习。

一、填空题

1._____是跟随定义的文件一起保存的，存储在图形文件内部，只可以在存储的文件中使用，其他文件不能调用。

2. 在菜单栏中，执行"绘图"|"块"|"创建"命令，可以打开"_____"对话框。

3. "定义块"和"写块"都可以将对象转换为图块对象，但是它们之间还是有区别的。"_____"创建的图块对象只能在当前文件中使用，不能用于其他文件中。而"_____"创建的图块对象可以用于其他文件，能将创建的块插入其他文件中。

4. 要进行编辑和管理图块，就要先创建图块的属性，例如_____、_____、_____、_____等。使属性和图形一起定义在图块中，才能在后期进行编辑和管理。

二、选择题

1. 在属性定义框中，哪个选框不设置将无法定义图块属性？（　　　）
　A. 固定 　　　　　　　　　　　　B. 标记
　C. 提示 　　　　　　　　　　　　D. 默认

2. 在 AutoCAD 中，下列哪项中的两种操作均可以打开设计中心？（　　　）
　A. CTRL+3，ADC 　　　　　　　　B. CTRL+2，ADC
　C. CTRL+3，AGC 　　　　　　　　D. CTRL+2，AGC

3. 下列哪项不能用块属性管理器进行修改？（　　　）
　A. 属性文字如何显示
　B. 属性的可见性
　C. 属性所在的图层和属性行的颜色、宽度及类型
　D. 属性的个数

4. 在 AutoCAD 中插入外部参照时，路径类型不正确的是（　　　）。
　A. 覆盖路径 　　　　　　　　　　B. 相对路径
　C. 完整路径 　　　　　　　　　　D. 无路径

三、操作题

1. 创建床头柜图块

本实例利用"创建块"命令，将绘制好的床头柜图形创建成图块，效果如图 5-54、图 5-55 所示。

图 5-54　　　　　　　　　　　　　图 5-55

操作提示：

Step01 执行"创建块"命令，打开"块定义"对话框。

Step02 在对话框中根据提示，选择并创建图块基点，输入图块名称即可。

2．完善卧室立面

本实例将利用"插入"命令，将床、灯具等图块插入卧室立面图中，效果如图 5-56 所示。

图 5-56

操作提示：

Step01 执行"插入"命令，插入床图块、灯具图块、装饰图块。

Step02 执行"多段线"和"图案填充"命令，填充床背景墙面。

第章 ————

尺寸标注的应用

内容导读

　　尺寸标注是图纸的一项重要内容，它能够表达各图形之间的大小和位置关系，是施工的重要依据。那么如何利用 AutoCAD 中的标注功能，对图纸进行合理的标注呢？本章将着重对图纸尺寸标注的操作进行讲解，其中包含标注样式的创建和设置、尺寸标注的添加，以及尺寸标注的编辑等。

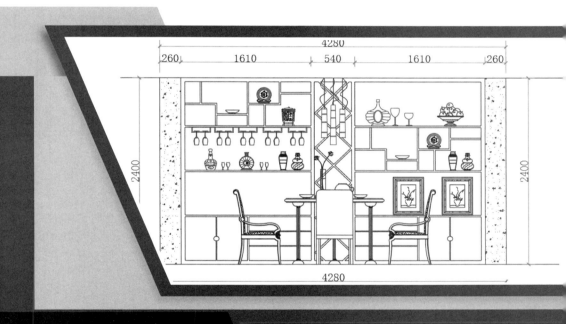

学习目标

» 了解标注的组成要素

» 熟悉标注样式的新建与设置

» 熟悉常用标注类型

» 掌握快速引线

» 掌握尺寸标注的编辑方法

想要学习标注操作，就先要了解标注的基本内容，例如标注的组成要素、标注的规则等。下面将对这两点基本内容进行讲解。

■ 6.1.1 标注的组成要素

一般情况下，完整的尺寸标注是由尺寸界线、尺寸线、箭头和标注文字这四部分组成，如图 6-1 所示。

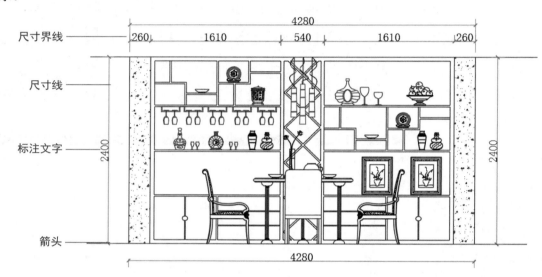

图 6-1

下面具体介绍尺寸标注中基本要素的作用与含义：

◎ 尺寸界线：也称为投影线。一般情况下与尺寸线垂直，有时也可将其倾斜。

◎ 尺寸线：显示标注范围，一般情况下与图形平行。在标注圆弧和角度时是圆弧线。

◎ 标注文字：显示标注所属的数值。用于反映图形尺寸。特殊尺寸（公差）数值前会有相应的标注符号。

◎ 箭头：用于显示标注的起点和终点，箭头的表现方法有很多种，可以是斜线、图块和其他用户自定义符号。

■ 6.1.2 尺寸标注的规则

在了解了尺寸结构后，接下来将讲解用户在标注尺寸时应遵循的规则。

（1）建筑图纸中每个尺寸只标注一次，并且标注在最容易查看物体相应结构特征的图形上。

（2）在进行尺寸标注时，若使用的单位是 mm，则不需要计算单位和名称。若使用其他单位，则需要注明相应计量单位的代号或名称。

（3）尺寸的配置要合理，功能尺寸应该直接标注，尽量避免在不可见的轮廓线上标注尺寸，数字之间不允许有任何图线穿过，必要时可以将图线断开。

（4）图形上所标注的尺寸数值应是工程图完工的实际尺寸，否则需要另外说明。

6.2 尺寸标注的设置与应用

尺寸标注是制图中重要的组成部分，合理、工整的尺寸标注可以为图纸加分。下面向用户介绍尺寸标注具体设置和应用。

6.2.1 新建标注样式

一般情况下，在创建标注前，需要对标注样式进行一番设置。每个行业有着不同的标注要求。例如在标注建筑或者室内图纸尺寸时，其标注的箭头为"建筑样式"，尺寸精度保持为"0"等。在设置时，可通过"标注样式管理器"对话框进行创建操作。

用户可通过以下方式打开"标注样式管理器"对话框，如图6-2所示。

◎ 在菜单栏中执行"格式"|"标注样式"命令。

◎ 在"注释"选项卡"标注"面板中单击右下角的箭头↘。

◎ 在命令行中输入"D"命令并按回车键。

如果标注样式中没有需要的样式类型，用户可新建标注样式。在"标注样式管理器"对话框中单击"新建"按钮，将打开"创建新标注样式"对话框，如图6-3所示。在此新建样式名称。

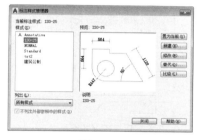

图6-2   图6-3

6.2.2 设置标注样式

创建标注名后，单击"继续"按钮就可以对尺寸样式进行设置了。其中包括尺寸线样式、箭头样式、符号样式、文字样式等，如图6-4所示。该对话框是由"线""符号和箭头""文字""调整""主单位""换算单位""公差"7个选项卡组成。

◎ 线：该选项卡用于设置尺寸线和尺寸界线的一系列参数。

◎ 符号和箭头：该选项卡用于设置箭头、圆心标记、折线标注、弧长符号、半径折弯标注等的一系列参数。

◎ 文字：该选项卡用于设置文字的外观、文字位置和文字的对齐方式。

◎ 调整：该选项卡用于设置箭头、文字、引线和尺寸线的放置方式。

◎ 主单位：该选项卡用于设置标注单位的显示精度和格式，并可以设置标注的前缀和后缀。

◎ 换算单位：该选项卡用于设置标注测量值中换算单位的显示并设定其格式和精度。

◎ 公差：该选项卡用于设置指定标注文字中公差的显示及格式。

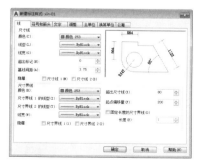

图6-4

■ 6.2.3 绘图常用尺寸标注

尺寸标注分为智能标注、线性标注、对齐标注、角度标注、弧长标注、半径标注、直径标注、快速标注、连续标注及引线标注等。下面将介绍几种室内图纸中常用的标注工具。

1. 智能标注

当用户设置好标注样式后，只需选中要标注的线段，系统会自动识别线段的类型（直线、弧线），并为其添加尺寸。用户可通过以下方式调用。

◎ 在"默认"选项卡"注释"面板中单击"标注"按钮 ⊟。

◎ 在"注释"选项卡"标注"面板中单击"标注"按钮。

执行"标注"命令后，用户选择要标注的对象，并指定好尺寸线的位置即可完成标注操作，如图6-5、图6-6所示。

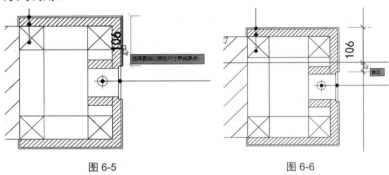

图 6-5　　　　　　　　　　图 6-6

2. 线性标注

线性标注用于标注图形对象的线性距离或长度，包括垂直、水平和旋转3种类型。水平标注用于标注对象上的两点在水平方向上的距离，尺寸线沿水平方向放置；垂直标注用于标注对象上的两点在垂直方向的距离，尺寸线沿垂直方向放置；旋转标注用于标注对象上的两点在指定方向上的距离，尺寸线沿旋转角度方向放置。用户可通过以下方式调用线性标注命令。

◎ 在菜单栏中执行"标注"|"线性"命令。

◎ 在"默认"选项卡"注释"面板中单击"线性"按钮 ⊢。

◎ 在"注释"选项卡"标注"面板中单击"线性"按钮。

◎ 在命令行中输入"DIMLINEAR"命令并按回车键。

执行"线性"标注命令后，捕捉标注对象的两个端点，再根据提示向水平或者垂直方向指定标注位置即可，如图6-7、图6-8所示。

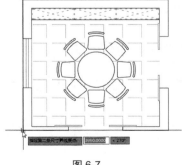

图 6-7

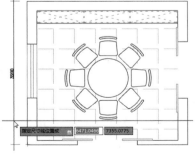

图 6-8

3. 对齐标注

对齐标注与线性标注的方法相同,不同的是对齐标注通常用于标注有一定角度的线段,也就是斜线。而线性标注主要用于标注水平或垂直线段。对齐标注的尺寸线总是平行于两个尺寸延长线的原点连成的直线。用户可通过以下方法调用对齐标注的命令。

◎ 在菜单栏中执行"标注"|"对齐"命令。

◎ 在"注释"选项卡"标注"面板中单击"对齐"按钮。

◎ 在命令行中输入"DIMALIGNED"命令并按回车键。

执行"对齐"标注命令后,捕捉标注对象的两个端点,再根据提示指定标注位置即可,如图6-9所示。

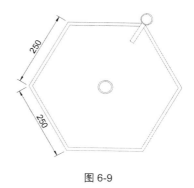

图 6-9

4. 角度标注

角度标注是用来测量两条或三条直线之间的角度,也可以测量圆或圆弧的角度。用户在标注角度时,指定尺寸线用户可通过以下方式调用角度标注的方法。

◎ 在菜单栏中执行"标注"|"角度"命令。

◎ 在"默认"选项卡"标注"面板中单击"线性"下拉按钮,选择"弧长"选项。

◎ 在"注释"选项卡"标注"面板中单击"角度"按钮。

◎ 在 命 令 行 中 输 入 "DIMANGULAR"命令并按回车键。

执行"角度"标注命令后,捕捉需要测量夹角的两条边,再根据提示指定标注位置即可,如图6-10、图6-11所示。

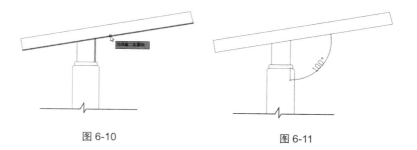

图 6-10   图 6-11

5. 弧长标注

弧长标注是标注指定圆弧或多线段的距离,它可以标注圆弧和半圆的尺寸,用户可通过以下方式调用弧长标注命令。

◎ 在菜单栏中执行"标注"|"弧长"命令。

◎ 在"默认"选项卡"标注"面板中单击"线性"下拉按钮，选择"弧长"选项 ⌒。

◎ 在"注释"选项卡"标注"面板中单击"线性"下拉按钮，选择"弧长"选项。

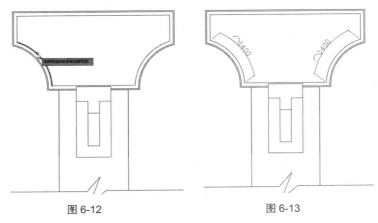

◎ 在命令行中输入"DIMARC"命令并按回车键。

调用"弧长"标注命令后，选择圆弧，再根据提示指定标注位置即可，如图6-12、图6-13所示。

图6-12　　　　　　　　图6-13

6. 半径 | 直径标注

半径 | 直径标注主要是标注圆或圆弧的半径 / 直径尺寸，用户可通过以下方式调用半径 / 直径命令。

◎ 在菜单栏中执行"标注"|"半径 / 直径"命令。

◎ 在"默认"选项卡"标注"面板中单击"线性"下拉按钮，选择"半径" ⌒ / "直径" ◌ 选项。

◎ 在"注释"选项卡"标注"面板中单击"线性"下拉按钮，选择"半径" / "直径"选项。

◎ 在命令行中输入"DIMRADIUS"命令并按回车键进行半径标注，在命令行中输入"DIMDIAMETER"命令并按回车键进行直径标注。

执行"半径" / "直径"命令，选中所需的圆弧或者圆形，并指定好标注位置即可，如图6-14、图6-15所示分别为半径标注和直径标注的效果。

当标注时，系统将自动在测量值前面添加 R 或 Ø 符号来表示半径或直径。但通常中文实体不支持 Ø 符号，所以在标注直径尺寸时，最好选用英文字体的文字样式，以便直径符号得以正确显示。

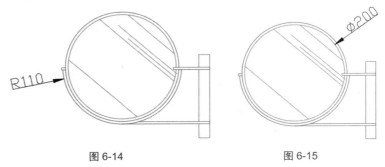

图6-14　　　　　　　　图6-15

7. 连续标注

连续标注是指连续进行线性标注。在执行过一次线性标注之后，系统会根据之前标注的尺寸界线作为下一个标注的起点进行连续标注。

用户可以通过以下方式调用连续标注的命令。

◎ 在菜单栏中执行"标注"|"连续"命令。

◎ 在"注释"选项卡"标注"面板中单击"连续"按钮 ⊢⊢⊣。

◎ 在命令行中输入"DIMCONTINUE"命令并按回车键。

执行"连续"命令后，根据命令行中的提示，先选中上一个尺寸界线，然后依次捕捉下一个测量点，直到结束，按回车键即可，如图 6-16、图 6-17 所示。

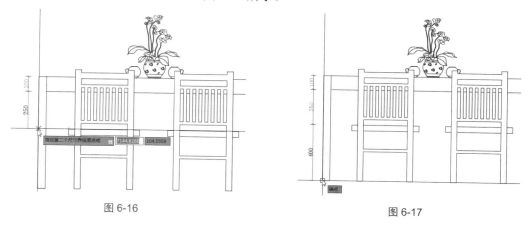

图 6-16　　　　　　　　　　　　图 6-17

实例：为平面布置图添加尺寸标注

下面以一居室平面布置图为例，利用以上所学的标注知识来为其添加相应的尺寸标注。具体绘制步骤如下。

Step01 打开本书配套的素材文件，如图 6-18 所示。

Step02 执行"格式"|"标注样式"命令，打开"标注样式管理器"对话框，如图 6-19 所示。

Step03 单击"修改"按钮，打开"修改标注样式：ISO-25"对话框，在"主单位"选项卡中设置单位精度为 0，如图 6-20 所示。

Step04 切换到"调整"选项卡，选中"文字始终保持在尺寸界线之间"单选按钮，其余设置保持默认，如图 6-21 所示。

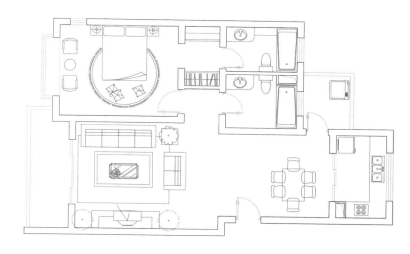

图 6-18

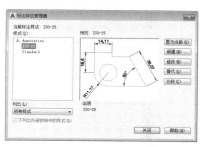

图 6-19

图 6-20

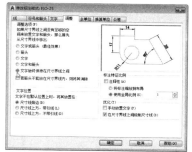

图 6-21

Step05 切换到"文字"选项卡，设置文字颜色为红色，文字高度为160，文字从尺寸线偏移10，如图6-22所示。

Step06 切换到"符号和箭头"选项卡，设置箭头符号为"建筑标记"，箭头大小为80，如图6-23所示。

Step07 切换到"线"选项卡，设置尺寸线和尺寸界线颜色为红色，"超出尺寸线"为80，"固定长度的尺寸界线"为250，如图6-24所示。

Step08 设置完毕后，单击"确定"按钮返回到"标注样式管理器"对话框，再依次单击"置为当前"和"关闭"按钮，执行效果如图6-25所示。

Step09 执行"线性"命令，创建第一个尺寸标注，如图6-26所示。

Step10 执行"连续"命令，继续捕捉其他测量点，标注该方向上的其他尺寸，如图6-27所示。

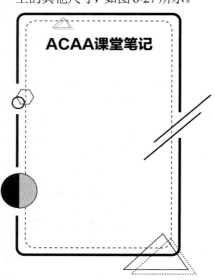

ACAA课堂笔记

图 6-22

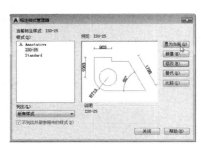

图 6-23

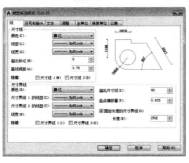

图 6-24

图 6-25

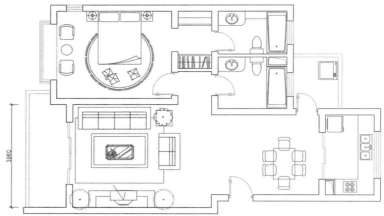

图 6-26

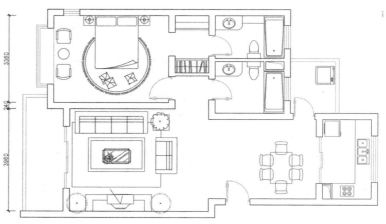

图 6-27

Step11 按照以上相同的方法，继续执行"线性""连续"标注命令，完成平面图的尺寸标注，如图 6-28 所示。

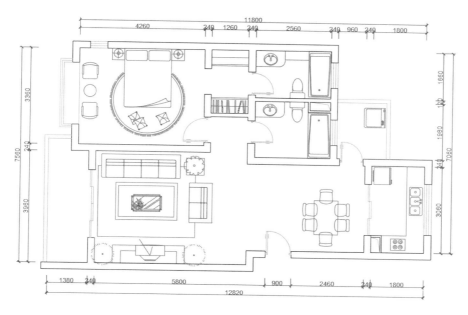

图 6-28

■ 6.2.4　快速引线

　　在图纸中，除尺寸标注元素外，还有一项元素也是必需的，就是材料说明。无论是机械制图还是建筑制图，都需要对图纸中所用的材料进行标注说明。那么如何在图纸中添加材料说明呢？下面将介绍具体的操作方法：

　　在命令行中输入"LE"或"QL"快捷命令，即可执行快速引线这项命令。该命令不会显示在菜单栏和功能面板中，用户只有通过命令行输入命令才可执行。

　　通过快速引线命令可以创建以下形式的引线标注。

1. 直线引线

　　执行快速引线命令，在绘图区中指定一点作为引线起点，然后移动光标指定下一点，按回车键三次，输入说明文字即可完成引线标注，如图 6-29 所示。

2. 转折引线

　　执行快速引线命令，同样在绘图区中指定引线点的起点，然后移动光标指定转折的两点，按回车键两次，输入说明文字即可完成引线标注，如图 6-30 所示。

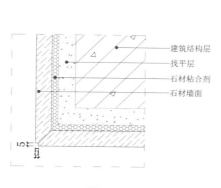

图 6-29

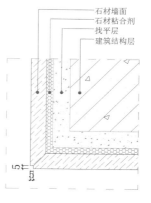

图 6-30

快速引线的样式设置可以在设置尺寸标注样式时，一同设置即可。在对话框中创建好标注样式后，然后在"符号和箭头"选项卡中，设置"引线"样式就可以了，如图6-31所示。

除此之外，用户还可以通过"引线设置"对话框来创建引线样式。执行快速引线命令后，根据提示信息输入"S"快捷命令，按回车键即可打开"引线设置"对话框，用户可以根据需要设置相应的参数选项，如图6-32所示。

图 6-31   图 6-32

6.3 编辑尺寸标注

对图纸进行标注之后，用户可对标注进行修改。例如更改标注文本的位置、更改标注的内容等。下面将介绍尺寸标注的编辑操作。

■ 6.3.1 编辑标注文本

在建筑绘图中，标注文本是必不可少的，如果创建的标注文本内容或位置没有达到要求，用户可以编辑标注文本的内容和调整标注文本的位置等。

1. 编辑标注文本的内容

在标注图形时，如果标注的端点不处于平行状态，那么测量的距离会出现不准确的情况，用户可通过以下方式编辑标注文本内容。

◎ 在菜单栏中执行"修改"|"对象"|"文字"|"编辑"命令。

◎ 在命令行中输入"TEXTEDIT"命令并按回车键。

◎ 双击需要编辑的标注文字。

执行以上任意一种方式后，其标注的文字即可进入编辑状态，在此更改其文字后，按回车键即可完成操作，如图6-33、图6-34所示。

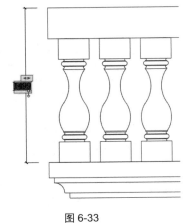

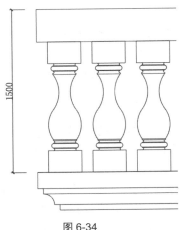

图 6-33   图 6-34

2. 调整标注文本位置

除了可以编辑文本内容之外，还可以调整标注文本的位置，用户可通过以下方式调整标注文本的位置。

◎ 在菜单栏中，执行"标注"|"对齐文字"命令的子菜单命令。

◎ 选择标注内容，将光标移动到文本位置的夹点上，在打开的快捷菜单中进行操作，如图6-35、图6-36、图6-37所示。

◎ 在命令行输入"DIMTEDIT"命令并按回车键。

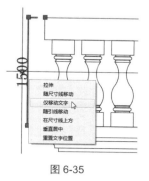

图 6-35

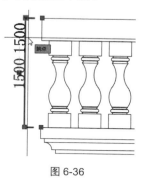

图 6-36

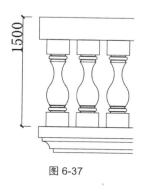

图 6-37

■ 6.3.2 使用特性面板编辑尺寸标注

除了使用以上方法编辑尺寸之外，用户还可以使用特性面板功能进行编辑。选择需要编辑的尺寸标注，单击鼠标右键，在打开的快捷菜单下拉列表中选择"特性"选项，即可打开"特性"面板，如图6-38所示。

编辑尺寸标注的特性面板由"常规""其他""直线和线头""文字""调整""主单位""换算单位"和"公差"等8个卷轴栏。这些选项和"修改标注样式"对话框中的内容基本一致。下面具体介绍该面板中常用的选项。

1. 常规

该组主要设置尺寸线的外观显示，下面具体介绍各选项的含义。

◎ 颜色：设置标注尺寸的颜色。

◎ 图层：设置标注尺寸的图层位置。

◎ 线型：设置标注尺寸的线型。

◎ 线型比例：设置虚线或其他线段的线型比例。

◎ 打印样式：以默认的打印尺寸样式为基准。

◎ 线宽：设置标注尺寸的线宽。

◎ 透明度：设置标注尺寸的透明度。

◎ 超链接：指定到对象的超链接并显示超链接名或说明。

◎ 关联：指定标注是否关联。

图 6-38

2. 其他

该组主要设置标注样式和标注是否是注释性。单击"标注样式"列表框，在弹出的下拉列表框中可以设置标注样式，单击"注释性"列表框，在打开的下拉列表框内可以设置标注是否是注释性。

3. 直线和箭头

该组主要设置标注尺寸的直线和箭头，如图 6-39 所示。下面主要介绍各选项的含义。

◎ 箭头 1 和箭头 2：设置尺寸线的箭头符号，单击该列表框，在弹出的下拉列表框中可以设置箭头的符号。

◎ 箭头大小：设置箭头的大小。

◎ 尺寸线线宽：设置尺寸线的线宽，单击该列表，在弹出的下拉列表框中可以设置线宽。

◎ 尺寸界线线宽：设置尺寸界线的线宽。

◎ 尺寸线 1 和尺寸线 2：控制尺寸线的显示和隐藏。

◎ 尺寸线颜色：设置尺寸线的颜色。

◎ 尺寸界线 1 和尺寸界线 2：控制尺寸界线的显示和隐藏。

◎ 固定的尺寸界线：单击该列表框，在弹出的列表内可以设置尺寸线是否是固定的尺寸。

◎ 尺寸界线的固定长度：当"固定的尺寸界线"为开时，将激活该选项框，在其中可以设置尺寸界线的固定长度值。

◎ 尺寸界线颜色：设置尺寸界线的颜色。

◎ 尺寸界线范围：设置超出尺寸界线的长度值。

◎ 尺寸界线偏移：设置尺寸界线与标注点间的距离。

图 6-39

4. 文字

该组主要设置标注文字的显示，下面具体介绍常用选项的含义。

◎ 文字高度：设置标注中文字的高度。

◎ 文字偏移：指定在打断尺寸线、放入标注尺寸文字时，标注文字与尺寸线之间的距离。

◎ 水平放置文字：设置水平文字的对齐方式。

◎ 垂直放置文字：设置标注文字相对于尺寸线的垂直距离。

◎ 文字样式：设置文字的显示样式。

◎ 文字旋转：设置文字旋转角度。

5. 调整

该组主要设置箭头、文字、引线和尺寸线的放置方式及显示。

6. 主单位

该组主要设置标注单位的显示精度和格式，并可以设置标注的前缀和后缀。下面主要介绍各常用选项的含义。

◎ 小数分隔符：在该选项框内可以设置标注中小数分隔符。

◎ 标注前缀和标注后缀：设置标志尺寸文字前缀或后缀。

AutoCAD 2020 室内设计课堂实录

◎ 标注辅单位：设置所适用的线性标注在更改为辅单位时的文字后缀。

◎ 标注单位：单击该列表框，可以在弹出的列表中设置标注单位。

◎ 精度：设置标注的精度显示。单击该列表框，可以在弹出的列表中设置精度。

知识点拨

设置好标注样式后，用户可以对指定的标注进行更新操作。在"注释"选项卡"标注"面板中单击"更新"按钮即可。

■ 课堂实战　对室内立面图进行标注

通过学习本章内容后，下面将为店铺立面图添加尺寸和材料注释。其中所运用的命令有：设置标注样式、线性标注、引线标注等，具体操作步骤如下。

Step01 打开本书配套的素材文件，如图 6-40 所示。

Step02 在命令行中输入"D"快捷命令，打开"标注样式管理器"对话框，单击"新建"按钮，在打开的"创建新标注样式"对话框中，新建标注名称，如图 6-41 所示。

Step03 单击"继续"按钮，在打开的"新建标注样式：Li-01"对话框中，设置"线"参数，更改尺寸线和尺寸界线颜色为灰色，"超出尺寸线"为20，"起点偏移量"为20，勾选"固定长度的尺寸界线"复选框，"长度"为200，其他参数默认，如图 6-42 所示。

图 6-40

图 6-41

图 6-42

ACAA课堂笔记

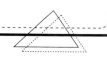

Step04 切换至"符号和箭头"选项卡，将箭头标记设为"建筑标记"，将"箭头大小"设为"25"，其他参数为默认，如图 6-43 所示。

Step05 切换至"文字"选项卡，设置文字颜色，"文字高度"为"80"，"文字从尺寸线偏移"为"20"，其他参数默认，如图 6-44 所示。

Step06 切换至"调整"选项卡，将文字始终保持在尺寸界线之间，"使用全局比例"为"1"，其他参数默认，如图 6-45 所示。

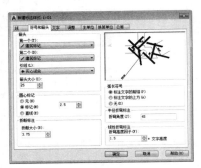
图 6-43

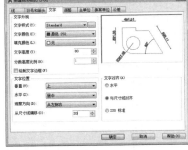
图 6-44

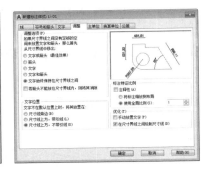
图 6-45

Step07 切换到"主单位"选项卡，将"精度"设为"0"，其他为默认，如图 6-46 所示。

Step08 设置好后，单击"确定"按钮，返回到上一层对话框，单击"置为当前"按钮，将其设为当前标注样式，如图 6-47所示。

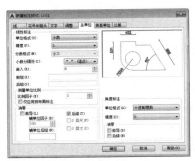
图 6-46

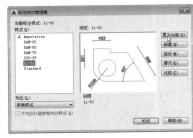
图 6-47

Step09 执行"线性"命令，捕捉尺寸线起点，如图 6-48 所示。

Step10 捕捉尺寸界线的端点，向左移动鼠标，确定尺寸线的位置即可完成标注，如图 6-49所示。

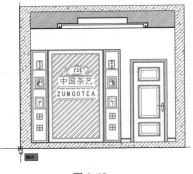
图 6-48

图 6-49

ACAA课堂笔记

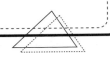

Step11 执行"连续"命令，继续捕捉尺寸线，完成第一道尺寸线的标注操作，如图 6-50 所示。

Step12 执行"线性"命令，标注第二道尺寸线，如图 6-51 所示。

Step13 执行"线性"和"连续"命令，标注立面图水平尺寸，如图 6-52 所示。

Step14 在"注释"选项卡的"引线"面板中，单击右侧小箭头 ↘，打开"多重引线样式管理器"对话框，单击"修改"按钮，如图 6-53 所示。

Step15 在"引线格式"选项卡中，将"符号"设为"•小点"，将其"大小"设为"50"，如图 6-54 所示。

Step16 切换到"内容"选项卡，将其"文字高度"设置"100"，其他为默认，如图 6-55 所示。

图 6-50

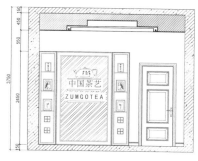
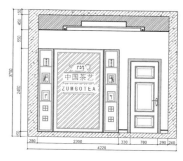

图 6-51　　　　　　　　　　　图 6-52

图 6-53

图 6-54

图 6-55

Step17 单击"确定"按钮，返回到上一层对话框，单击"置为当前"按钮，完成引线格式的设置操作，如图 6-56 所示。

Step18 执行"多重引线"命令，指定引线的起点，绘制引线，并输入材料注释内容，如图 6-57 所示。

图 6-56

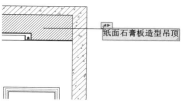

图 6-57

Step19 执行"复制"命令，依次向下复制引线注释，双击文字更改文字内容，如图 6-58 所示。

Step20 执行"圆"命令，绘制图例符号，执行"直线"命令，捕捉圆形象限点，绘制直线，如图 6-59 所示。

Step21 执行"多行文字"命令，绘制引线文字说明，执行"复制"命令，复制文字说明，双击文字，更改文字大小和字体，如图 6-60 所示。

Step22 执行"移动"命令，将图例说明移动到立面图中。至此室内立面图尺寸标注完毕，结果如图 6-61 所示。

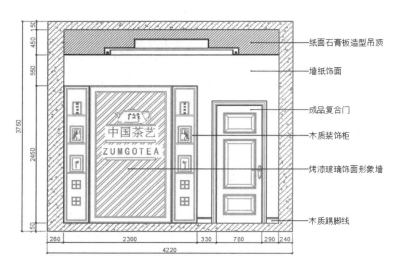

图 6-58

图 6-59

图 6-60

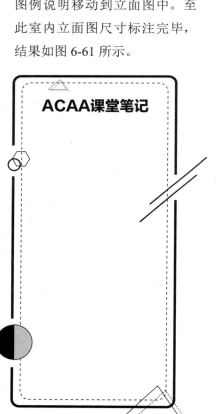

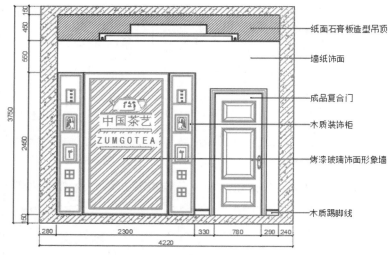

图 6-61

■ 课后作业

为了让用户能够更好地掌握本章所学的知识内容，下面将安排一些 ACAA 认证考试的模拟试题，让用户对所学的知识进行巩固和练习。

一、填空题

1. 一般情况下，完整的尺寸标注是由_____、_____、_____和_____这四部分组成。
2. 标注样式中没有需要的样式类型，用户可新建标注样式。在"_____"对话框中进行新建即可。
3. _____用于标注图形对象的线性距离或长度，包括垂直、水平和旋转 3 种类型。
4. 对图纸进行标注之后，用户可对标注进行修改，例如_____、_____、_____等。

二、选择题

1. 在标注样式设置中，将"使用全局比例"值增大，将改变尺寸的哪些内容？（　　　）
    A. 使标注的测量值增大   B. 使全图的箭头增大
    C. 使所有标注样式设置增大   D. 使尺寸文字增大
2. 新建一个标注样式，此标注样式的基准标注为（　　　）。
    A. ISO-25   B. 当前标注样式
    C. 应用最多的标注样式   D. 命名最靠前的标注样式
3. 下列尺寸标注中共用一条基线的是（　　　）。
    A. 基线标注   B. 公差标注
    C. 引线标注   D. 连续标注
4. 两个相同长度的直线，但其标注尺寸数值不一样，可能的原因是（　　　）。
    A. 两个标注的标注线性比例不同
    B. 两个标注的标注全局比例不同
    C. 使用了"DDEDIT"命令对标注进行了修改
    D. 在"特性"栏中对"文字替代"进行了修改

三、操作题

1. 标注服装店平面尺寸

本实例将利用相关标注命令，为服装店平面图添加尺寸标注，效果如图 6-62 所示。

操作提示：

Step01 执行"标注样式"命令，在"标注样式管理器"对话框中设置标注样式。

Step02 执行"线性"和"连续"标注命令，对平面图进行标注即可。

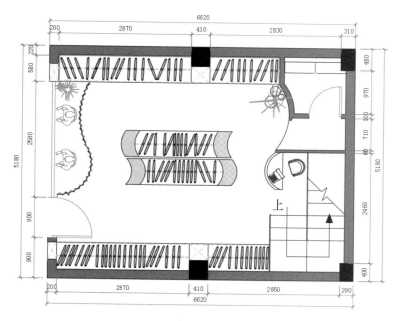

图 6-62

2. 为玄关立面图添加材料注释

本实例将利用"多重引线"命令，为玄关立面添加文字注释，效果如图 6-63 所示。

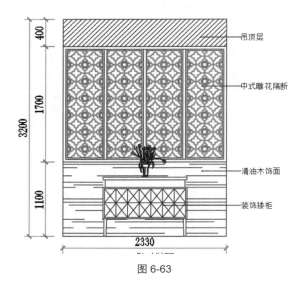

图 6-63

操作提示:

Step01 执行"多重引线样式"命令，修改当前引线样式。

Step02 执行"多重引线"命令，为玄关立面图添加材料说明。

第<7>章

文字与表格

内容导读

　　在绘制室内图纸时，除了绘制主要的平面图、立面图、大样图之外，通常还需要对图纸进行一些必要的注释说明。常见的如技术要求、尺寸、标题栏、明细表等。本章将向用户介绍如何在 AutoCAD 软件中进行文字和表格的添加操作。

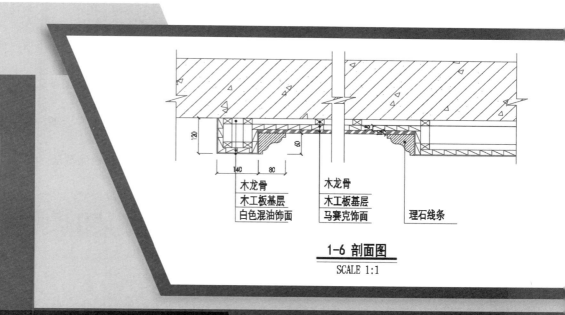

学习目标

>> 掌握创建与管理文字样式的方法

>> 熟悉单行文字与多行文字的创建方法

>> 熟悉字段的使用

>> 掌握表格的应用

7.1 文字样式

文字与尺寸标注一样，在输入文字注释前，需要对文字的样式进行必要的设置。例如设置文字大小、文字字体、文字颜色等。下面将向用户介绍文字样式的设置操作。

7.1.1 创建文字样式

文字样式需要在"文字样式"对话框中进行设置，用户可通过以下方式打开"文字样式"对话框，如图7-1所示。

图 7-1

◎ 执行菜单栏中的"格式"|"文字样式"命令。

◎ 在"默认"选项卡"注释"面板中，单击其下拉菜单按钮，在打开的列表中单击"文字注释"按钮 A₂。

◎ 在"注释"选项卡"文字"面板中单击右下角箭头 ↘。

◎ 在命令行中输入"ST"命令并按回车键。

在"文字样式"对话框中，用户可对当前的文字样式进行设置，例如样式、字体、字体样式、大小、高度、效果等。下面将对一些常用的设置选项进行简单说明。

◎ 样式：显示已有的文字样式。单击"所有样式"列表框右侧的三角符号，在弹出的列表中可以选择样式类别。

◎ 字体：包含"字体名"和"字体样式"选项。"字体名"用于设置文字注释的字体。"字体样式"用于设置字体格式，例如斜体、粗体或者常规字体。

◎ 大小：包含"注释性""使文字方向与布局匹配"和"高度"选项，其中注释性用于指定文字为注释性，高度用于设置字体的高度。

◎ 效果：修改字体的特性，如高度、宽度因子倾斜角以及是否颠覆显示。

◎ 置为当前：将选定的样式置为当前。

◎ 新建：创建新的样式。

◎ 删除：单击"样式"列表框中的样式名，会激活"删除"按钮，单击该按钮即可删除样式。

7.1.2 管理文字样式

如果文字样式创建太多，会给操作带来一些麻烦。这时，就需要对这些样式进行管理。

在菜单栏中执行"格式"|"文字样式"命令，打开"文字样式"对话框，在文字样式上单击鼠标右键，然后选择"重命名"选项，输入"文字注释"后按回车键即可重命名，如图7-2所示，选中"文字注释"样式名，单击"置为当前"按钮，即可将其置为当前，如图7-3所示。

如果想要删除多余的文字样式，同样只需右击所选样式，在打开的快捷列表中，选择"删除"选项即可删除，如图7-4所示。

> **注意事项**
>
> 在删除文字样式时，有两种样式无法删除：（1）当前使用的文字样式是不能被删除的；（2）系统自带的文字样式也不能被删除。

图 7-2

图 7-3

图 7-4

7.2 创建与编辑文字

文字样式创建好后，就可以创建文字内容了。在 AutoCAD 软件中创建文字有两种：单行文字和多行文字。下面将分别介绍这两类文字的创建与编辑操作。

■ 7.2.1 单行文字

单行文本主要用于创建简短的文本内容。在输入过程中，按回车键即可将单行文本分为两行。每行文字是一个独立的文字对象。用户可对每行文字对象进行单独的修改。

1. 创建单行文字

用户可通过以下方式调用单行文字命令。

◎ 在菜单栏中执行"绘图"|"文字"|"单行文字"命令。

◎ 在"默认"选项卡"注释"面板中单击"文字"A 下拉按钮，在打开的列表中，选择"单行文字"A 选项。

◎ 在"注释"选项卡"文字"面板中单击"多行文字"按钮，在弹出的列表中选择"单行文字"选项。

◎ 在命令行中输入"TEXT"命令并按回车键。

执行"绘图"|"文字"|"单行文字"命令，在绘图区指定一点作为文字起点，根据提示输入高度为 80，角度为 0，并输入文字，在文字之外的位置单击鼠标左键，按 Esc 键可完成创建单行文字操作，如图 7-5、图 7-6 所示。

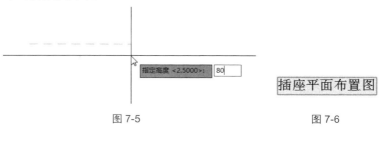

图 7-5　　　　　　　　图 7-6

命令行提示如下：

```
命令：_text
当前文字样式："Standard" 文字高度：2.5000 注释性：否 对正：左
指定文字的起点或 [ 对正 (J)/ 样式 (S)]：（指定文字插入点）
指定高度 <2.5000>: < 正交 开 > 80 （输入文字高度值，按回车键）
指定文字的旋转角度 <0>:（输入旋转角度值，默认值可按回车键）
```

2. 编辑单行文字

文字输入完成后，可以执行"TEXTEDIT"命令对输入的单行文字内容进行编辑操作。用户可通过以下方式执行文字编辑命令。

◎ 在菜单栏中，执行"修改"|"对象"|"文字"|"编辑"命令。

◎ 在命令行中输入"TEXTEDIT"命令并按回车键。

◎ 双击单行文本。

执行以上任意一种方法，即可进入文字编辑状态，在此可对文字进行相应的修改操作，如图 7-7、图 7-8 所示。

如果用户想要对文字的高度、旋转角度进行调整，可以使用"特性"功能进行编辑操作。右击单行文字内容，在快捷菜单中选择"特性"选项，在打开的"特性"面板中，可根据需要设置相应的选项，如图 7-9、图 7-10 所示。

| 图 7-7 | 图 7-8 | 图 7-9 | 图 7-10 |

■ 7.2.2 多行文字

多行文字与单行文字的不同之处在于，多行文本是一个或多个文本段落，每一段落都视为一个整体来处理。在绘图区指定好对角点即可创建多行文本的区域。

1. 创建多行文字

用户可通过以下方式调用多行文字命令。

◎ 在菜单栏中执行"绘图"|"文字"|"多行文字"命令。

◎ 在"默认"选项卡"文字注释"面板中直接单击"多行文字"按钮**A**。

◎ 在"注释"选项卡"文字"面板中单击"多行文字"按钮**A**。

◎ 在命令行中输入"MTEXT"命令并按回车键。

执行"多行文本"命令后，在绘图区指定对角点，创建输入框，即可输入多行文字。输入完成后单击功能区右侧的"关闭文字编辑器"按钮，即可创建多行文本，如图 7-11、图 7-12 所示。

| 图 7-11 | 图 7-12 |

命令行提示如下：

```
命令:_mtext
当前文字样式:"文字注释" 文字高度:180 注释性:否
```

AutoCAD 2020 室内设计课堂实录

指定第一角点：（指定两个对角点）
指定对角点或 [高度 (H)/ 对正 (J)/ 行距 (L)/ 旋转 (R)/ 样式 (S)/ 宽度 (W)/ 栏 (C)]:

2. 编辑多行文字

编辑多行文字和单行文字的方法一致，双击多行文字即可进入编辑状态，同时，系统会自动打开"文字编辑器"选项卡，在此用户可根据需要设置相应的文字样式，如图7-13所示。

图 7-13

当然用户还可通过"特性"选项板修改文字样式和缩放比例等，具体方法与编辑单行文字的相同。

7.2.3 使用字段

字段也是文字，可以说是自动更新的智能文字。在施工图中经常用到一些在设计过程中会发生变化的文字和数据，例如引用的视图方向、修改设计中的建筑面积、重新编号后的图纸等。像这些文字或数据，可以采用字段的方式引用。当字段所代表的文字或数据发生变化时，字段会自动更新，就不需要手动修改。

1. 插入字段

想要在文本中插入字段，可双击所选文本，进入多行文字编辑状态，并将光标移至要显示字段的位置，单击鼠标右键，在快捷菜单中选择"插入字段"选项，在打开的"字段"对话框中选择合适的字段名称即可，如图7-14、图7-15所示。

图 7-14

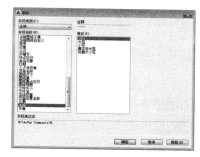

图 7-15

用户可单击"字段类别"下拉按钮，在打开的列表中选择所需类别。其中包括打印、对象、其他、全部、日提和时间、图纸集、文档和已链接这8个类别选项，选择其中任意选项，则会打开与之相应的样例列表，并对其进行设置，如图7-16、图7-17所示。

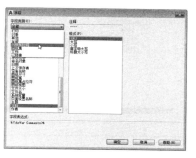

图 7-16

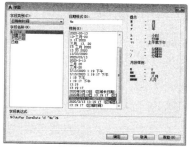

图 7-17

字段所使用的文字样式与插入的文字所使用的样式相同。默认情况下，在 AutoCAD 中的字段将使用浅灰色进行显示。

2. 更新字段

字段更新时，将显示最新的值。在此可单独更新字段，也可在一个或多个选定文字对象中更新所有字段。用户可通过以下方式进行更新字段的操作。

◎ 选择文本，单击鼠标右键，在快捷菜单中选择"更新字段"选项。

◎ 在命令行中输入"UPD"命令并按回车键。

◎ 在命令行中输入"FIELDEVAL"命令并按回车键，根据提示输入合适的位码即可。该位码是常用标注控制符中任意值的和。如仅在打开、保存文件时更新字段，可输入数值"3"。

常用标注控制符说明如下。

◎ 0 值：不更新。

◎ 1 值：打开时更新。

◎ 2 值：保存时更新。

◎ 4 值：打印时更新。

◎ 8 值：使用 ETRANSMIT 时更新。

◎ 16 值：重生成时更新。

> **知识点拨**
>
> 当字段插入完成后，如果想对其进行编辑，可选中该字段，单击鼠标右键，选择"编辑字段"选项，即可在"字段"对话框中进行设置。如果想将字段转换成文字，就需要右键单击所选字段，在弹出的快捷菜单中选择"将字段转换为文字"选项即可。

实例：为剖面图添加图示

下面将利用多段线、多行文字命令创建图示，其具体绘制步骤如下。

Step01 打开本书配套的素材文件，如图 7-18 所示。

Step02 执行"绘图"|"多段线"命令，绘制两条线宽为 6mm 的多段线，长度适中即可，如图 7-19 所示。

Step03 执行"分解"命令，选中第 2 条多段线，将其进行分解，如图 7-20 所示。

Step04 执行"绘图"|"文字"|"多行文字"命令，在多段线上方创建多行文字内容，如图 7-21 所示。

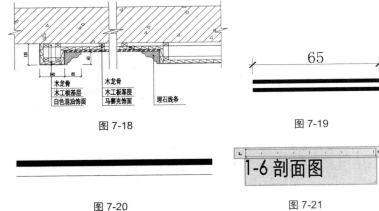

图 7-18

图 7-19

图 7-20

图 7-21

Step05 选中输入好的图示内容，在"文字编辑器"选项卡的"样式"面板中，将"注释性"设为"35"，在"格式"面板中，将字体设为"黑体"，如图7-22所示。

图 7-22

Step06 设置完成后，单击文字编辑区域外任意一点，即可完成编辑操作，如图7-23所示。

Step07 继续创建多行文字，设置文字高度为"30"，字体为宋体，放置在多段线下方，完成图示的绘制，如图7-24所示。

Step08 将绘制好的图示内容放置在剖面图下方合适位置，最终效果如图7-25所示。

1-6 剖面图

图 7-23

1-6 剖面图
SCALE 1:1

图 7-24

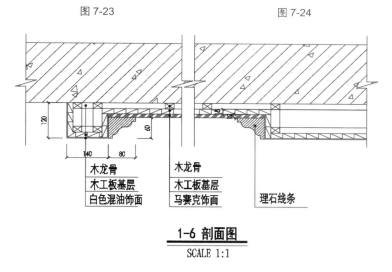

木龙骨
木工板基层
白色混油饰面

木龙骨
木工板基层
马赛克饰面

理石线条

1-6 剖面图
SCALE 1:1

图 7-25

7.3 表格的应用

施工图纸中表格元素是经常被使用到的。例如在建筑图纸中会经常见到一些门窗材料表、灯具设备表等。使用表格可以很直观地表达出所需的材料信息。下面将向用户介绍如何在AutoCAD中创建并编辑表格。

7.3.1 设置表格样式

用户在创建表格前要设置表格样式，方便之后调用。在"表格样式"对话框中可选择设置表格样式的方式，用户可通过以下方式打开"表格样式"对话框。

◎ 在菜单栏中执行"格式"|"表格样式"命令。

◎ 在"注释"选项卡中，单击"表格"面板右下角的箭头。

◎ 在命令行中输入"TABLESTYLE"命令并按回车键。

打开"表格样式"对话框后单击"修改"按钮，如图7-26所示，输入表格名称，单击"继续"按钮即可打开"修改表格样式：Standard"对话框，如图7-27所示。

在"修改表格样式：Standard"对话框的"单元样式"选项组中，包含"标题""表头""数据"样式选项，如图 7-28 所示。选择其中任意一项，在"常规""文字"和"边框"3 个选项卡中，分别设置相应样式即可。

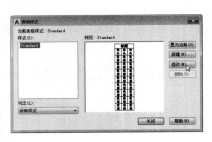

图 7-26

图 7-27

图 7-28

1. 常规

在常规选项卡中可以设置表格的颜色、对齐方式、格式、类型和页边距等特性。下面具体介绍该选型卡各选项的含义。

◎ 填充颜色：设置表格的背景填充颜色。

◎ 对齐：设置表格文字的对齐方式。

◎ 格式：设置表格中的数据格式，单击右侧的 按钮，即可打开"表格单元格式"对话框，在对话框中可以设置表格的数据格式，如图 7-29 所示。

◎ 类型：设置是数据类型还是标签类型。

◎ 页边距：设置表格内容距边线的水平和垂直距离，如图 7-30 所示。

图 7-29

图 7-30

2. 文字

打开"文字"选项卡，在该选项卡中主要设置文字的样式、高度、颜色、角度等，如图 7-31 所示。

3. 边框

打开"边框"选项卡，在该选项卡可设置表格边框的线宽、线型、颜色等选项，此外，还可设置有无边框或是否是双线，如图 7-32 所示。

图 7-31

图 7-32

7.3.2 创建与编辑表格

表格样式创建好后，接下来就可以通过"表格"命令来创建表格了。

1. 创建表格

用户可通过以下方式调用创建表格。

◎ 在菜单栏中执行"绘图"|"表格"命令。

◎ 在"注释"选项卡"表格"面板中单击"表格"按钮▦。

◎ 在命令行中输入"TABLE"命令并按回车键。

通过以上任意一项操作后，即可打开"插入表格"对话框，从中设置列和行的参数，单击"确定"按钮，如图7-33所示。然后在绘图区指定插入点即可创建表格。

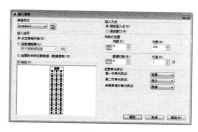

图 7-33

2. 编辑表格

当创建表格后，用户还可对表格进行标记操作。例如调整行高和列宽、调整文本的对齐方式等。

单击表格后，表格四周将会出现相应的编辑夹点，如图7-34所示。利用这些夹点可以调整表格的行高和列宽。

在表格中单击所需编辑的单元格，系统会自动打开"表格单元"选项卡，在此，用户可对其表格的格式进行详细设置，如图7-35所示。

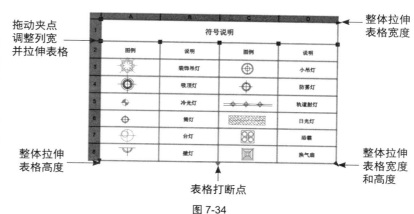

图 7-34

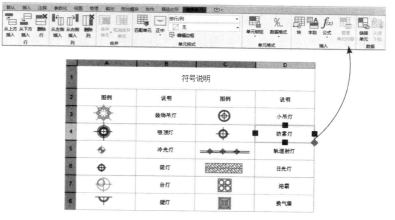

图 7-35

7.3.3 调用外部表格

AutoCAD软件的优势是绘制二维图形，而其表格制作的功能相对比较弱。也就是说想要通过AutoCAD软件制作出好看的表格，确实需要耗费不少时间。所以如果用户有现成的表格文档（Word、Excel等），可以直接调用，无须重新绘制。

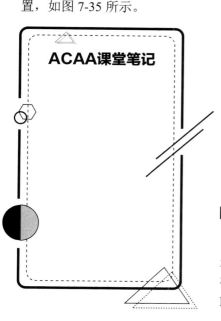

ACAA课堂笔记

用户可通过以下方式调用外部表格。

◎ 从 Word 或 Excel 中选择并复制表格，粘贴到 AutoCAD 中。

◎ 通过"插入表格"对话框中的"自数据链接"选项进行设置。

执行"绘图"|"表格"命令，在打开的"插入表格"对话框中，选中"自数据链接"单选按钮，并单击右侧的"数据链接管理器"按钮，在打开的"选择数据链接"对话框中，选择"创建新的 Excel 数据链接"选项，打开"输入数据链接名称"对话框，输入文件名，如图 7-36 所示。然后在"新建 Excel 数据链接：符号列表"对话框中单击浏览按钮，如图 7-37 所示。打开"另存为"对话框，选择要插入的 Excel 文件，单击"打开"按钮，返回到上一层对话框，依次单击"确定"按钮，返回到绘图区，并指定好表格插入点即可。

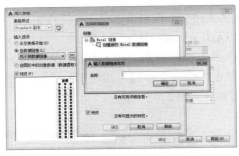

图 7-36

图 7-37

注意事项

使用复制命令调入的表格，是无法修改的。用户若想修改表格，那么可以双击表格的上边框线（仅上边框线），此时系统会启动 Excel 应用程序并打开该表格，用户可在 Excel 中修改表格。而从外部导入至 AutoCAD 中的表格，用户可直接进行编辑。

■ 课堂实战　创建灯具设备材料表

施工图纸中，设备材料表格元素是不可缺少的。创建这类表格主要是为了对所用的材料进行总结和归纳，以方便施工人员和业主查看。下面将以创建灯具设备材料表为例，来介绍表格制作的具体操作方法。

Step01 执行"格式"|"表格样式"命令，打开"表格样式"对话框。单击"修改"按钮，如图 7-38 所示。

Step02 在"修改表格样式：Standard"对话框的"单元样式"选项组中，单击其下拉按钮，选择"标题"选项，并在"常规"选项卡的"页边距"选项中，将"水平"设为"0"，将"垂直"设为"30"，如图 7-39 所示。

Step03 单击"文字"选项卡，将"文字高度"设为"50"，如图 7-40 所示。

Step04 在"单元样式"列表中，选择"表头"选项，在"特性"选项组中，将"填充颜色"设为灰色，在"页边距"选项中将"水平"设为"0"，垂直设为"30"，如图 7-41 所示。

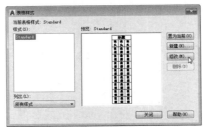

图 7-38

图 7-40

图 7-39

图 7-41

Step05 单击"文字"选项卡，将"文字高度"设为"30"，如图7-42所示。

Step06 在"单元样式"列表中，选择"数据"选项，将"常规"选项卡的"对齐"选项设为"正中"，水平页边距设为"0"，垂直设为"30"，如图7-43所示。

Step07 单击"文字"选项卡，将其文字高度设为"30"，如图7-44所示。

Step08 单击"确定"按钮，返回上一层对话框，单击"置为当前"按钮，关闭对话框，完成表格样式的设置操作，如图7-45所示。

图 7-42

图 7-43

Step09 在"注释"选项卡的"表格"面板中，单击"表格"按钮，打开"插入表格"对话框。在"列和行设置"选项组中，将"列数"设为"5"，将"列宽"设为"200"，将"数据行数"设为"8"，将"行高"设为"1"，如图7-46所示。

图 7-44

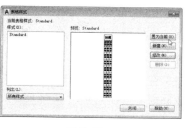

图 7-45

Step10 单击"确定"按钮，关闭对话框。在绘图区中，指定表格的起点，并在打开的文字编辑器中，输入标题内容，如图7-47所示。

Step11 按回车键，系统自动将光标移至表头首个单元格内，并启动文字编辑器，输入文本内容，如图7-48所示。

Step12 按键盘上的"→"方向键，继续输入表头内容，单击表格外空白区域，完成输入操作，结果如图7-49所示。

图 7-46

图 7-47

图 7-48

图 7-49

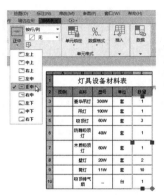

图 7-52

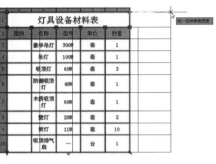

图 7-53

Step13 双击第2列第2行单元格，进入文字编辑状态，输入表格内容，如图7-50所示。

Step14 按照同样的操作方法，输入表格所有正文内容，结果如图7-51所示。

Step15 框选"数量"单元列，在"表格单元"选项卡的"单元样式"面板中，单击"右上"下拉按钮，选中"正中"复选框，将数据正中对齐，如图7-52所示。

Step16 单击选中表格，将光标移至表格右上角控制点，按住鼠标左键不放，将其向右拖曳至满意位置，放开鼠标即可调整该表格的宽度，如图7-53所示。

Step17 在命令行中输入"I"快捷命令，打开"块"设置面板，单击"过滤"方框右侧"…"按钮，如图7-54所示。在打开的"选择图形文件"对话框中，选择要插入的灯具图块，单击"打开"按钮，如图7-55所示。即可将该图块插入"块"面板中。

Step18 将插入的图块直接拖入图纸中。执行"缩放"命令，选中插入的灯具图块，指定好缩放的基点，将缩放比例设为0.15，完成图块的缩放操作，如图7-56所示。

Step19 按照同样的操作方法，将其他灯具图块插入相应的单元格中，如图7-57所示。至此灯具设备材料表制作完成。

图 7-50

灯具设备材料表

图例	名称	型号	单位	数量
	豪华吊灯	300W	套	1
	吊灯	100W	套	1
	吸顶灯	60W	套	3
	防潮吸顶灯	40W	套	1
	木质吸顶灯	60W	套	1
	壁灯	20W	套	2
	筒灯	11W	套	10
	吸顶排气扇	—	台	1

图 7-51

图 7-54

图 7-55

灯具设备材料表

图例	名称	型号	单位	数量
✳	豪华吊灯	300W	套	1
	吊灯	100W	套	1
	吸顶灯	60W	套	3
	防潮吸顶灯	40W	套	1
	木质吸顶灯	60W	套	1
	壁灯	20W	套	2
	筒灯	11W	套	10
	吸顶排气扇	—	台	1

图 7-56

灯具设备材料表

图例	名称	型号	单位	数量
✳	豪华吊灯	300W	套	1
Ⓓ	吊灯	100W	套	1
⊕	吸顶灯	60W	套	3
○	防潮吸顶灯	40W	套	1
⊞	木质吸顶灯	60W	套	1
Ⓑ	壁灯	20W	套	2
⊕	筒灯	11W	套	10
⊠	吸顶排气扇	—	台	1

图 7-57

课后作业

为了让用户能够更好地掌握本章所学的知识内容，下面将安排一些ACAA认证考试的模拟试题，让用户对所学的知识进行巩固和练习。

一、填空题

1. 在"文字样式"对话框中，用户可对文字的_____、_____、_____和_____4方面进行设置。

2. _____主要用于创建简短的文本内容。在输入过程中，按_____键可将单行文本分为两行。每行文字是一个独立的文字对象。

3. 双击多行文字可进入编辑状态，同时，系统会自动打开"_____"选项卡，在此可根据需要设置相应的文字样式。

4. 在"修改表格样式"对话框的"单元样式"选项组中，包含"_____""_____""_____"样式选项。选择其中任意一项，便可在"_____""_____"和"_____"3个选项卡中，分别设置相应样式。

二、选择题

1. 在设置文字样式的时候，设置了文字的高度，其效果是（　　）。
   A. 在输入单行文字时，可以改变文字高度
   B. 输入单行文字时，不可以改变文字高度
   C. 在输入多行文字时，不能改变文字高度
   D. 都能改变文字高度

2. 在命令行中输入以下哪个快捷命令，即可启动多行文本命令（　　）。
   A. T　　　　　　　　　B. W　　　　　　　　　C. MT　　　　　　　　　D. TM

3. 想要设置表格中的文字样式，应该在以下哪个对话框中进行操作？（　　）
   A. "文字样式"对话框　　　　　　　　B. "表格样式"对话框
   C. "插入表格"对话框　　　　　　　　D. "标注样式"对话框

4. 表格创建好后，可以通过以下哪一项操作来调整表格的宽度（　　）。
   A. 选择表格右上角夹点，并拖动　　　　B. 选择表格左下角夹点，并拖动
   C. 在"插入表格"对话框中设置　　　　D. 以上操作都可以

三、操作题

1. 制作插座图例表

本实例将通过表格相关命令，制作一张插座图例表格，效果如图7-58所示。

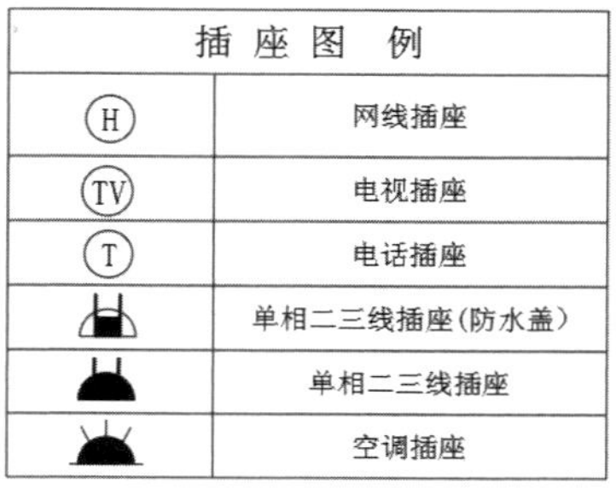

操作提示：

Step01 执行"表格"命令，设置表格的行、列的相关参数值。

Step02 在插入的表格中输入表格内容，并将插座图块插入表格中。

插 座 图 例	
H	网线插座
TV	电视插座
T	电话插座
	单相二三线插座(防水盖)
	单相二三线插座
	空调插座

图 7-58

第7章 文字与表格

139

2．为图纸添加文字说明

本实例将使用多行文字命令，为插座平面图添加相应的文字说明，效果如图 7-59 所示。

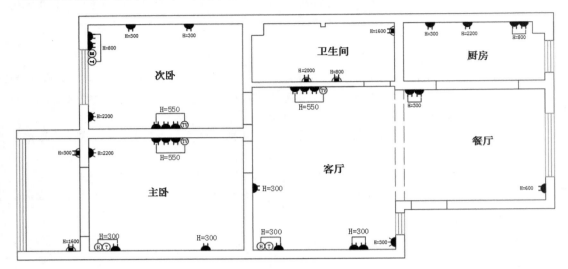

图 7-59

操作提示：

Step01 执行"多行文字"命令，输入文字内容，并设置好文字的格式和大小。

Step02 复制文字，并修改其内容，完成所有说明文本的添加操作。

第 **8** 章

图形的输出与打印

内容导读

　　施工图绘制好后，为了方便施工人员查看图纸，需要将图纸进行输出操作。这一步是设计工作的最后一步，也是必不可少的一步。本章将主要介绍图纸的输入及输出，以及在打印图形中的布局设置操作。通过本章的学习，读者可以掌握图形输入输出和模型空间与图形空间之间切换的方法，并能够打印 AutoCAD 图纸。

学习目标

　》　掌握图纸的输入与输出

　》　熟悉模型空间与图纸空间

　》　掌握布局视口

　》　掌握打印图纸的操作

8.1 图形的输入与输出

AutoCAD 可将其他格式的文件导入图纸中，也可将所绘制的图纸输出成其他格式的文件，方便有不同需求的人查看。那么如何导入或输出图纸文件呢？下面将向用户介绍具体的操作方法。

8.1.1 输入图纸

想要将其他格式的图形导入 AutoCAD 中，用户可通过以下方式进行操作。

◎ 在菜单栏中执行"文件"|"输入"命令。

◎ 在"插入"选项卡"输入"面板中单击"PDF 输入"下拉按钮，从中选择"输入"选项 。

◎ 在命令行中输入"IMPORT"命令并按回车键。

执行以上任意一种操作即可打开"输入文件"对话框，如图 8-1 所示，单击"文件类型"下拉按钮，选择要输入的文件格式，或者选择"所有文件"选项，如图 8-2 所示，然后选择要导入的图形文件，单击"打开"按钮即可输入该文件。

图 8-1 图 8-2

8.1.2 插入 OLE 对象

OLE 是指对象链接与嵌入，用户可将其他 Windows 应用程序的对象链接或嵌入 AutoCAD 图形中，或在其他程序中链接或嵌入 AutoCAD 图形。插入 OLE 文件可避免图片丢失、文件丢失这些问题，所以使用起来非常方便。

用户可通过以下方式调用 OLE 对象命令。

◎ 在菜单栏中执行"插入"|"OLE 对象"命令。

◎ 在"插入"选项卡"数据"面板中单击"OLE 对象"按钮 。

◎ 在命令行中输入"INSERTOBJ"命令并按回车键。

执行以上任意操作，都可打开"插入对象"对话框，根据需要选中"新建"或"由文件创建"单选按钮，并根据对话框中的提示，进行下一步操作即可，如图 8-3 所示的是选中"新建"单选按钮的界面，图 8-4 所示的是选中"由文件创建"单选按钮的界面。

选中"新建"单选按钮后，在"对象类型"列表中，选择需要导入的应用程序，单击"确定"按钮，系统会启动其应用程序，用户可在该程序中进行输入编辑操作。完成后关闭应用程序，此时在 AutoCAD 绘图区中就会显示相应的内容。

选中"由文件创建"单选按钮后，单击"浏览"按钮，在打开的"浏览"对话框中，用户可以直接选择现有的文件，单击"打开"按钮，返回到上一层对话框，单击"确定"按钮即可导入。

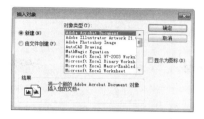
图 8-3

图 8-4

实例：导入方案设计说明

下面就利用"插入 OLE 对象"命令，将 Word 版方案设计说明文档插入 AutoCAD 中，其具体操作步骤如下。

Step01 在菜单栏中执行"插入"|"OLE 对象"命令，打开"插入对象"对话框，选中"由文件创建"单选按钮，再单击"浏览"按钮，如图 8-5 所示。

Step02 打开"浏览"对话框，从中选择需要插入的对象，单击"打开"按钮，如图 8-6 所示。

图 8-5

图 8-6

Step03 返回到"插入对象"对话框，可以看到文件路径已经发生改变，如图 8-7 所示。

Step04 单击"确定"按钮完成插入操作，即可看到已经将 Word 文档中的内容已插入绘图区中，如图 8-8 所示。

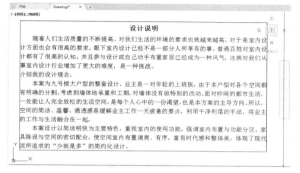

图 8-7

图 8-8

■ 8.1.3 输出图纸

AutoCAD 也可将图纸输出成各种类型的文件，例如 PDF 文件、JPG 文件等。用户可通过以下方式输出图形。

◎ 在菜单栏中执行"文件"|"输出"命令。

◎ 在"输出"选项卡"输出为 DWF/PDF"面板中单击"输出"按钮。

◎ 在命令行中输入"EXPORT"命令并按回车键。

通过以上任意一项操作，都可打开"输出数据"对话框，单击"文件类型"下拉按钮，选择好所需的文件格式，并设置好其保存路径，单击"保存"按钮即可，如图 8-9 所示。

图 8-9

实例：将平面布置图纸输出成 JPG 图片

下面将以输出三居室平面布置图为例，介绍如何将 AutoCAD 图纸转换成 JPG 图片的具体操作。

Step01 打开本书配套的素材文件，执行"文件"|"打印"命令，打开"打印 - 模型"对话框，如图 8-10 所示。

Step02 在"打印机 / 绘图仪"选项组下单击"名称"右侧的下拉按钮，选择 PublishToWeb JPG.pc3 选项，如图 8-11 所示。

Step03 将"打印范围"设为"窗口"，并在绘图区中框选要输出的图纸范围，如图 8-12 所示。

图 8-10

图 8-11

Step04 返回到对话框，勾选"居中打印""布满图纸"复选框，然后将"图纸方向"设为"横向"，单击"确定"按钮，如图 8-13 所示。

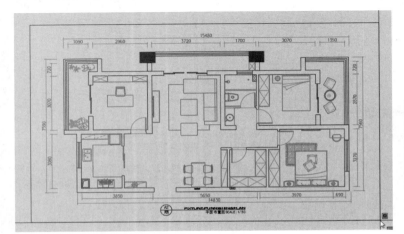

图 8-12

图 8-13

Step05 在"浏览打印文件"对话框中，设置好文件输出路径，单击"保存"按钮，如图 8-14 所示。

Step06 系统完成输出操作后，打开输出的 JPG 图片，即可查看输出效果，如图 8-15 所示。

图 8-14

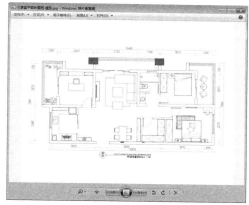

图 8-15

注意事项

由于 AutoCAD 图纸文件不是矢量图形，所以输出成图片后，其清晰度会降低。如果用户想要高清图片的话，可通过 Illustrator 软件进行转换。先将 AutoCAD 文件输出为"封装 PS（*.eps）"格式的文件，然后将其导入 Illustrator 软件中，最后保存输出即可。

8.2 模型空间与布局空间

AutoCAD 有两种绘图环境：模型空间和布局空间。模型空间其实就是设计绘图区域，在该空间中用户可按照 1:1 比例绘制图形。而布局空间可以说是布局打印区域。该空间提供了一张虚拟图纸，用户可以在该图纸上布置模型空间的图纸，并设定好缩放比例，打印图纸时，将设置好的虚拟图纸以 1:1 的比例打印出来。

8.2.1 模型空间和布局空间的概念

模型空间和布局空间都可以出图。基本绘图一般是在模型空间进行。如果一张图纸中只有一种比例，用模型空间出图即可；单张图中同时存在几种比例，则应该用布局空间出图。

ACAA课堂笔记

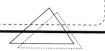

这两种空间的主要区别在于：模型空间针对的是图形实体空间，在模型空间中需要考虑的只是单个图形能否绘制出或正确与否，而不必担心绘图空间的大小。而布局空间则是针对图纸布局空间。该空间比较侧重于图纸的布局，几乎不需要再对任何图形进行修改和编辑，如图 8-16、图 8-17 所示分别为模型空间和布局空间的界面。

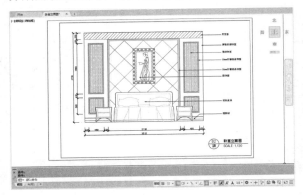

图 8-16

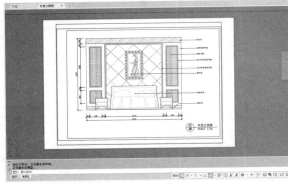

图 8-17

默认情况下，打开布局空间后是不显示图形的，用户需要在其布局中创建视口才可以。在菜单栏中执行"视图"|"视口"|"新建视口"命令，打开"视口"对话框，在"新建视口"选项卡中，用户可以根据需要选择视口的数量，如图 8-18 所示。单击"确定"按钮，返回到布局空间，使用鼠标拖曳的方法，创建视口，如图 8-19所示。

双击视口，将其变为可编辑状态，滚动鼠标中键，缩放图纸，将所需图纸全屏显示在视口中即可，如图 8-20 所示。

图 8-18

图 8-19

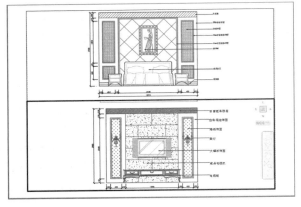

图 8-20

知识点拨

想要删除多余的视口，只需选中该视口，按 Delete 键即可将其删除。

■ 8.2.2　模型和布局的切换

模型空间与布局空间是可以相互切换的，下面将对其切换方法进行介绍。

1. 模型空间与布局空间的切换

◎ 将光标放置在"文件"选项卡上，在弹出的浮动空间中选择"布局"选项，如图 8-21 所示。

◎ 在状态栏左侧单击"布局 1" **布局1** 或者"布局 2"按钮。

◎ 在状态栏中单击"模型" **模型** 按钮。

2. 布局空间与模型空间的切换

图 8-21

◎ 将光标放置在"文件"选项卡上，在弹出的浮动空间中选择"模型"选项。

◎ 在状态栏左侧单击"模型"按钮。

◎ 在状态栏单击"图纸"按钮。

◎ 在布局空间中双击鼠标左键，此时激活活动视口然后进入模型空间。

8.3　打印图纸

打印的图形可以包含图形的单一视图，或者更为复杂的视图排列。根据不同的需要，可以打印一个或多个视口，或设置选项以决定打印的内容和图形在图纸上的位置。

■ 8.3.1　设置打印参数

在打印图形之前需要对打印参数进行设置，如图纸尺寸、打印方向、打印区域、打印比例等。在"打印 - 模型"对话框中可以设置各打印参数，如图 8-22 所示。

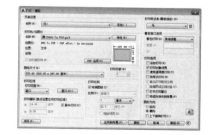

用户可通过以下方式打开"打印"对话框。

◎ 在菜单栏中执行"文件"|"打印"命令。

◎ 在快速访问工具栏单击"打印"按钮 🖨。

◎ 在"输出"选项卡"打印"面板中单击"打印"按钮 🖨。

图 8-22

◎ 在命令行中输入"PLOT"命令并按回车键。

在进行打印参数设定时，用户应根据与电脑连接的打印机的类型来综合考虑打印参数的具体值，否则将无法实施打印操作。

■ 8.3.2　预览打印

在设置打印之后，可以预览设置的打印效果，通过打印效果查看是否符合要求，如果不符合要求再关闭预览进行更改，如果符合要求即可继续打印。

用户可通过以下方式实施打印预览。

◎ 在菜单栏中执行"文件"|"打印预览"命令。

◎ 在"输出"选项卡单击"预览"按钮 🔍。

◎ 在"打印"对话框中设置"打印参数"，单击左下角的"预览"按钮。

执行以上任意一项操作命令后，即可进入预览模式，如图8-23所示。

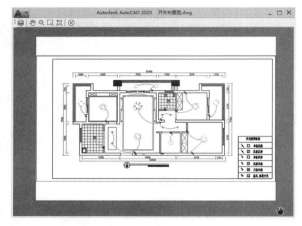

图 8-23

■ 课堂实战　设置并打印背景墙立面图纸

下面将利用背景墙立面图为例，介绍图纸的打印输出操作。其中涉及的命令有选择图纸样板、创建视口、打印设置等。具体操作步骤如下。

Step01 打开本书配套的素材文件，如图8-24所示。

Step02 在状态栏左侧右键单击"模型"按钮，在打开的快捷菜单中选择"从样板"选项，如图8-25所示。

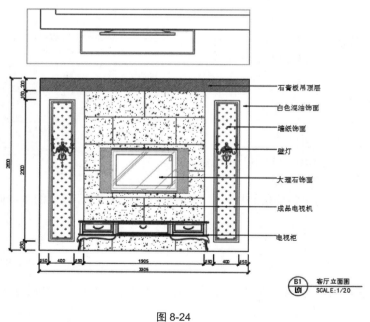

图 8-24

图 8-25

ACAA课堂笔记

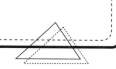

AutoCAD 2020 室内设计课堂实录

Step03 在弹出的"从文件选择样板"对话框中，选择一个合适的样板，如图 8-26 所示。

Step04 单击"打开"按钮，此时，系统会打开"插入布局"对话框，单击"确定"按钮，如图 8-27 所示。

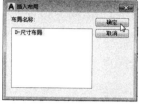

图 8-26　　　　　　　　　　　　　　　　　图 8-27

Step05 选择完成后，在状态栏中会显示"D- 尺寸布局"标签选项，单击该标签，即可进入相应的图纸空间，如图 8-28 所示。

Step06 在该图纸空间中，选中原有的视口（蓝色边框），按 Delete 键将其删除，如图 8-29 所示。

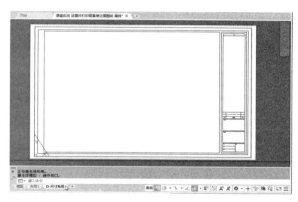

图 8-28　　　　　　　　　　　　　　　　　图 8-29

Step07 执行"视图"|"视口"|"新建视口"命令，在"视口"对话框中，选中"单个"视口，单击"确定"按钮，如图 8-30 所示。

Step08 在样板文件中，指定视口的两个对角点，重新创建一个视口。此时在"模板"空间中的立面图以全屏显示在该视口中，如图 8-31 所示。

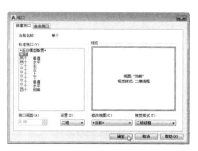
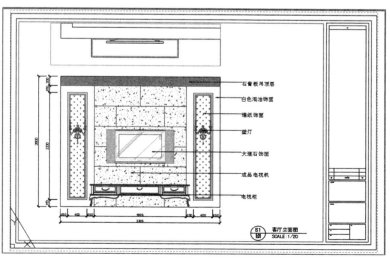

图 8-30　　　　　　　　　　　　　　图 8-31

Step09 执行"文件"|"打印"命令，系统会打开提示框，在此选择"继续打印单张图纸"选项，如图 8-32 所示。即可进入"打印"对话框，从中选择打印机，设置图纸尺寸，勾选"布满图纸"及"居中打印"复选框，再设置图形方向为"横向"，如图 8-33 所示。

Step10 设置好后，单击"预览"按钮进入预览效果，如图 8-34 所示。

Step11 确定图纸无误后，单击鼠标右键，在弹出的快捷菜单中选择"打印"命令即可，如图 8-35 所示。

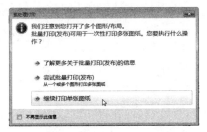
图 8-32

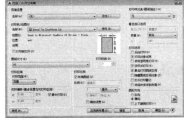
图 8-33

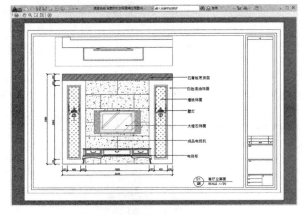
图 8-34

图 8-35

ACAA课堂笔记

■ **课后作业**

　　为了让用户能够更好地掌握本章所学的知识内容，下面将安排一些ACAA认证考试的模拟试题，让用户对所学的知识进行巩固和练习。

一、填空题

　　1. 模型空间和布局空间都可以出图。单张图纸中仅有一种比例，用＿＿＿＿出图即可；而单张图纸中同时存在多种比例，则应该用＿＿＿＿出图。

　　2. 默认情况下，打开布局空间后是不显示图形的，需要在其布局中＿＿＿＿才可以。

　　3. 在打印图形之前需要对打印参数进行设置，如＿＿＿＿、＿＿＿＿、＿＿＿＿、＿＿＿＿等。

二、选择题

　　1. 以下模型空间视口说法错误的是（　　　）。

　　　　A. 使用"模型"选项卡，可以将绘图区域拆分成一个或多个相邻的矩形视图

　　　　B. 在"模型"选项卡上创建的视口充满整个绘图区域并且相互之间不重叠

　　　　C. 可以创建多边形视口

　　　　D. 在一个视口中做出修改后，其他视口也会立即更新

　　2. 如果一个插入的光栅图像被卸载，那么以下说法正确的是（　　　）。

　　　　A. 光栅图像和边界都不存在　　　　　　　B. 光栅图像和边界都存在

　　　　C. 光栅图像不存在，边界存在　　　　　　D. 光栅图像存在，边界不存在

　　3. 除了在控制面板中添加打印机外，在 AutoCAD 中还可以在哪里添加打印机？（　　　）

　　　　A. 打印预览　　　　　　　　　　　　　　B. 绘图仪管理器

　　　　C. 页面设置管理器　　　　　　　　　　　D. 打印样式管理器

　　4. 如果要合并两个视口，必须（　　　）。

　　　　A. 是模型空间视口并且共享长度相同的公共边

　　　　B. 在"模型"空间合并

　　　　C. 在"布局"空间合并

　　　　D. 一样大小

三、操作题

　　1. 创建视口

　　本实例将通过"新建视口"命令，在图纸空间中创建 3 个视口，并调整好视图显示状态，效果如图 8-36 所示。

　　操作提示：

`Step01` 执行"新建视口"命令，在"视口"对话框中设置视口数量及布局。

`Step02` 创建视口，并调整好每个视口的显示情况。

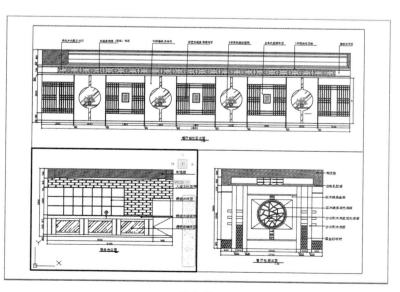

图 8-36

2. 将图纸输出为 JPG 格式文件

　　本实例通过设置"打印"对话框中的相关参数，将餐厅包厢立面图输出成 JPG 格式的图片文件，效果如图 8-37 所示。

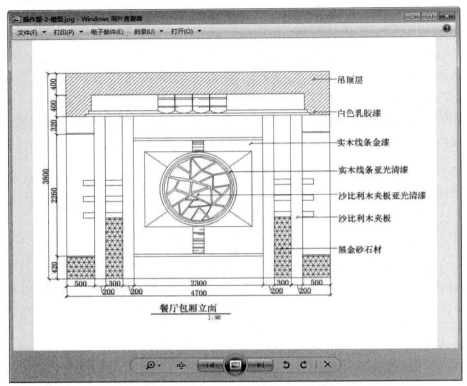

图 8-37

操作提示：

`Step01` 执行"打印"命令，在"打印"对话框中，选择打印参数。

`Step02` 设置好文件保存的位置即可。

第<9>章

室内常用图形的绘制

内容导读

在绘制室内设计图纸时，都会涉及一些家具图块的绘制。当然，为了节省时间，提高效率，用户可直接从图库中调入。如果图库中没有符合要求的图块，那么用户就要自定义相应的图块。本章将介绍室内施工图中常见的各类图块的绘制方法，包括鞋柜图形、梳妆台图形、餐桌椅图形、燃气灶图形等。通过这些图形的绘制练习，用户可进一步掌握 AutoCAD 的绘图技巧及图形绘制方法。

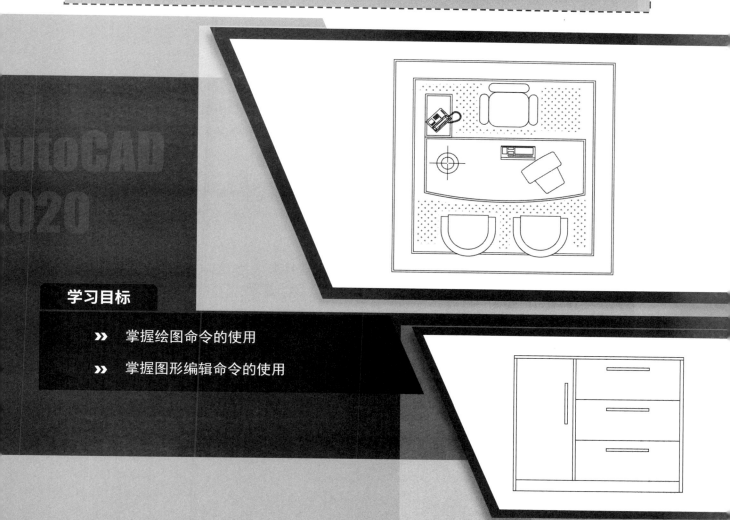

学习目标

» 掌握绘图命令的使用

» 掌握图形编辑命令的使用

9.1 绘制窗立面图

　　本案将以窗图形为例，来绘制窗户的立面造型。其中所运用到的主要命令有矩形、直线、偏移、图案填充等。其具体绘制步骤如下。

Step01 执行"矩形"命令，绘制一个长 1500mm、宽 1680mm 的矩形，如图 9-1 所示。

Step02 执行"偏移"命令，设置偏移尺寸为 60mm，将矩形向外偏移，绘制出窗框，如图 9-2 所示。

Step03 选择小矩形框，执行"分解"命令，将矩形框分解成为独立的线段。执行"偏移"命令，设置偏移尺寸为 350mm，将矩形上边线向下进行偏移，如图 9-3 所示。

Step04 执行"直线"命令，捕捉偏移线段的中心点，向下绘制一条直线，如图 9-4 所示。

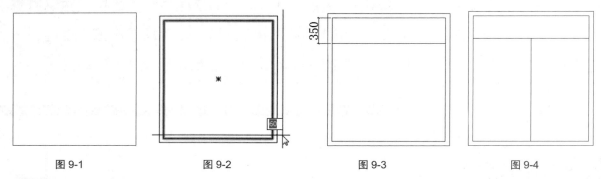

图 9-1　　　　　　　　图 9-2　　　　　　　　图 9-3　　　　　　　　图 9-4

Step05 执行"图案填充"命令，在"图案填充创建"选项卡的"图案"面板中，选择玻璃图案，这里选择"AR-RROOF"，将角度设为"45"，比例设为"35"，如图 9-5 所示。

图 9-5

Step06 在绘图区中选择窗户内部区域，即可完成窗图形的绘制操作，如图 9-6 所示。

Step07 在命令行中输入"B"快捷命令，打开"块定义"对话框，单击"选择对象"按钮，选择窗图形，执行"拾取点"按钮，指定窗图形的中心点，并且对当前块进行重命名操作，如图 9-7 所示。

Step08 设置好后，执行"确定"按钮，完成窗图块的创建操作。至此，窗立面图块绘制完成，保存文件即可。

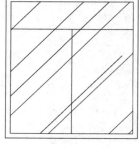

图 9-6

图 9-7

AutoCAD 2020 室内设计课堂实录

154

9.2 绘制鞋柜立面图

鞋柜对于家庭来说是必不可少的家具。用户在绘制鞋柜时，需要考虑好鞋柜的每个隔断的距离。下面将以绘制长 1200mm、宽 1000mm 的鞋柜为例，介绍鞋柜具体的绘制步骤。其中涉及的命令有矩形、偏移、定数等分等。

Step01 执行"矩形"命令，绘制一个长 1200mm、宽 1000mm 的矩形。然后执行"分解"命令，将其进行分解，如图 9-8 所示。

Step02 执行"偏移"命令，将偏移尺寸分别设为 20mm、80mm 和 40mm，将图形进行偏移分割，结果如图 9-9 所示。

Step03 执行"修剪"命令，将多余的线条进行修剪，结果如图 9-10 所示。

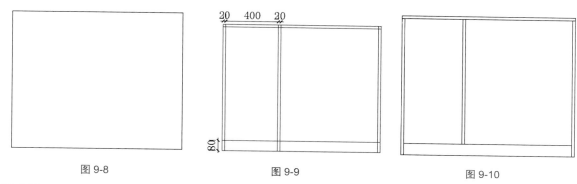

图 9-8　　　　　　　　　图 9-9　　　　　　　　　图 9-10

Step04 执行"定数等分"命令，将鞋柜的垂直分割线等分成 3 份，并执行"直线"命令，绘制等分线，作为柜门，如图 9-11 所示。

Step05 执行"矩形"命令，绘制长 20mm、宽 300mm 的矩形，作为柜门把手。执行"旋转"命令，旋转复制出一个矩形，结果如图 9-12 所示。

Step06 执行"复制"命令，将旋转出来的矩形向下进行复制操作，如图 9-13 所示。

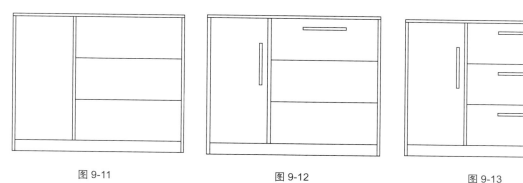

图 9-11　　　　　　　　　图 9-12　　　　　　　　　图 9-13

至此，鞋柜立面图绘制完成，保存图形即可。

9.3 绘制梳妆台立面图

梳妆台也是家庭常用家具之一。在家庭装修之前，需确定好梳妆台尺寸大小。梳妆台的尺寸标准：总高度为 1500mm 左右，宽为 700mm，长为 1200mm。下面将以绘制简约式梳妆台为例，介绍其具体的绘制步骤。其中涉及的命令有矩形、分解、偏移、修剪、镜像等。

Step01 执行"矩形"命令，分别绘制长 1000mm、宽 700mm 和长 400mm、宽 550mm 的两个矩形，作为柜体。执行"分解"命令，分解矩形。然后执行"偏移"命令，将图形向内偏移 20mm，如图 9-14 所示。

Step02 执行"修剪"命令，将多余的线条删除，然后执行"圆角"命令，将圆角半径设为 20mm，将图形进行圆角操作，如图 9-15 所示。

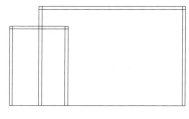 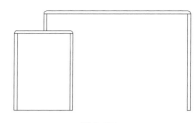

图 9-14   图 9-15

Step03 执行"直线"命令，绘制一个长 480mm、宽 120mm 的矩形，作为抽屉，并将其放置到合适位置。执行"镜像"命令，将其进行镜像复制，结果如图 9-16 所示。

命令行提示如下：

```
命令：_mirror
选择对象：找到 1 个 （选择 480mm*120mm 的矩形，按回车键）
选择对象：指定镜像线的第一点：（捕捉矩形右侧边线的两个端点）
指定镜像线的第二点：
要删除源对象吗？ [ 是 (Y)/ 否 (N)] < 否 >:（按回车键）
```

Step04 执行"矩形"命令，绘制长 360mm、宽 120mm 的矩形，作为抽屉，将其放置到合适位置，然后执行"复制"命令，将其向下进行复制，结果如图 9-17 所示。

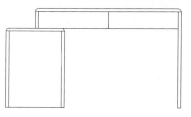 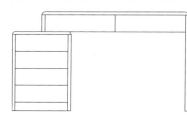

图 9-16   图 9-17

Step05 执行"矩形"命令，绘制长 120mm、宽 20mm 的矩形，作为抽屉把手，并将其放置到合适位置。执行"镜像"命令，将其向右镜像复制，如图 9-18 所示。

Step06 执行"复制"命令，复制出一个把手，并将其放置左侧柜体合适位置。然后再次执行"复制"命令，将其向下进行复制，结果如图 9-19 所示。

Step07 执行"矩形"命令，绘制长 900mm、宽 650mm 的矩形，作为镜子。再执行"分解"命令，将矩形进行分解，如图 9-20 所示。

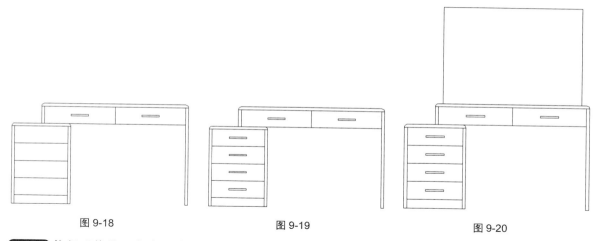

图 9-18   图 9-19   图 9-20

Step08 执行"偏移"命令，将矩形边线分别向内偏移 100mm 和 50mm，执行"修剪"命令，将多余的线条删除，结果如图 9-21 所示。

Step09 执行"圆角"命令，设置圆角半径为 40mm，将图形进行圆角操作，然后执行"偏移"命令，将图形向内偏移 20mm，结果如图 9-22 所示。

Step10 执行"图案填充"命令，在"图案填充创建"选项卡中，将填充图案设为"AR-RROOF"，将填充颜色设为灰色，填充比例设为"15"，填充角度设为"45"，为镜子添加反射效果，效果如图 9-22 所示。至此梳妆台立面图绘制完成，保存文件即可。

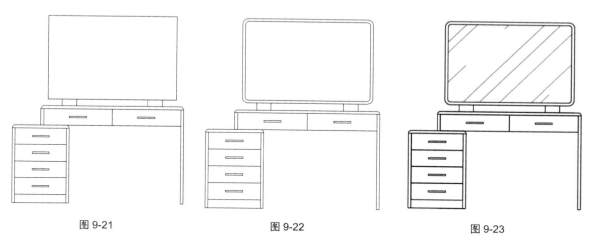

图 9-21   图 9-22   图 9-23

9.4 绘制餐桌椅平面图

餐桌的种类有很多，下面以绘制 8 人餐桌为例，介绍餐桌椅组合图形的绘制步骤。其中所运用到的命令有矩形、直线、分解、偏移、修剪、阵列、旋转等。

Step01 执行"矩形"命令，绘制长 1500mm、宽 800mm 的矩形，作为餐桌轮廓，执行"偏移"命令，将其向内偏移 20mm，如图 9-24 所示。

Step02 执行"矩形"命令，分别绘制长 400mm、宽 400mm 和长 370mm、宽 100mm 的两个矩形，作为餐桌轮廓，然后执行"分解"命令，将小矩形分解，如图 9-25 所示。

Step03 执行"偏移"命令，将分解矩形的上下两边分别向内偏移 15mm，然后执行"矩形"命令，绘制长 25mm、宽 600mm 的矩形，并将其放置到合适位置，如图 9-26 所示。

Step04 执行"矩形阵列"命令，设置阵列行数为"1"，列数为"12"，列间距为"30"，如图 9-27 所示。将矩形进行阵列复制，结果如图 9-28 所示。

Step05 执行"复制"命令，复制三把餐椅图形，并将其放置到餐桌合适位置，结果如图 9-29 所示。

Step06 执行"镜像"命令，以餐桌左边线中心点为镜像点，将餐椅其进行镜像复制，结果如图 9-30 所示。

Step07 选取其中一把餐椅，执行"旋转"命令，将该餐椅进行旋转复制，并将旋转好的餐椅放置到餐桌左侧，结果如图 9-31 所示。

Step08 执行"镜像"命令，以餐桌上边线中心点为镜像点，将其进行镜像复制。执行"修剪"命令，将多余的线条删除，结果如图 9-32 所示。

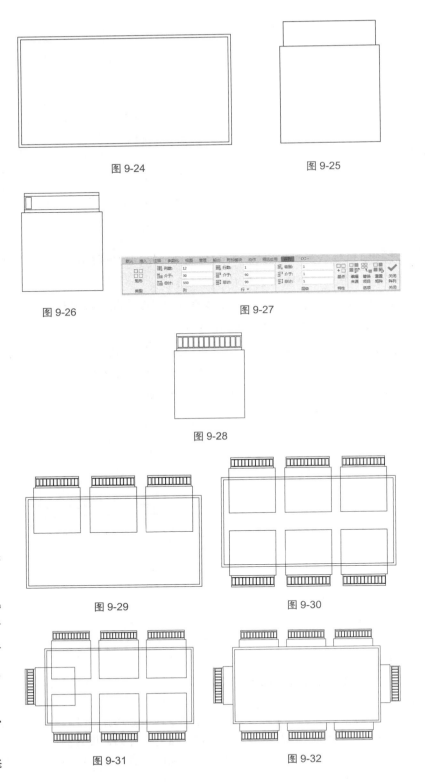

图 9-24

图 9-25

图 9-26

图 9-27

图 9-28

图 9-29

图 9-30

图 9-31

图 9-32

Step09 执行"分解"命令，将餐桌外轮廓进行分解。执行"偏移"命令，将上、下边线分别向内偏移 150，作为餐桌布。执行"修剪"命令，将多余的线条删除，如图 9-33 所示。

Step10 执行"直线"命令，绘制一条长 50mm 的线段，并执行"复制"命令，对该线段进行复制。然后执行"图案填充"命令，为餐桌布添加合适图案，最终效果如图 9-34 所示。至此，餐桌椅平面图形绘制完毕，保存文件即可。

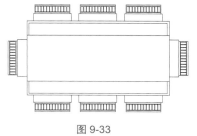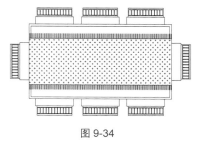

图 9-33   图 9-34

9.5 绘制油烟机立面图

油烟机是现代家庭必不可少的厨房设备。油烟机的种类也分很多，下面以绘制简洁式的油烟机为例，介绍其具体的绘制步骤。其中涉及的命令有矩形、直线、圆、修剪、图案填充等。

Step01 执行"矩形"命令，分别绘制长 900mm、宽 40mm 和长 300mm、宽 300mm 的两个矩形，并将其放置到合适位置，如图 9-35 所示。

Step02 执行"直线"命令，将绘制好的两个矩形进行连接，结果如图 9-36 所示。

Step03 执行"修剪"命令，修剪掉多余的线条，如图 9-37 所示。

图 9-35   图 9-36   图 9-37

Step04 执行"矩形"命令，分别绘制长 400mm、宽 400mm 和长 300mm、宽 40mm 的两个矩形，并将其放置到合适位置，如图 9-38 所示。

Step05 执行"圆心，半径"命令，设置半径为 5mm，绘制一个圆作为开关按钮。执行"复制"命令，将其进行复制，如图 9-39 所示。

Step06 执行"图案填充"命令，将油烟机填充图案，最终结果如图 9-40 所示。

至此，油烟机立面图绘制完毕，保存文件即可。

图 9-38   图 9-39   图 9-40

9.6 绘制接待台立面图

工装设计中，无论是酒店餐饮还是办公场所，接待区是必备的，接待台的风格和造型也是各式各样的。下面将利用矩形、直线、文字、偏移、修剪等命令绘制接待台立面图形。其具体操作步骤如下。

Step01 执行"矩形"命令，绘制长 3000mm、宽 900mm 的矩形，如图 9-41 所示。

Step02 执行"偏移"命令，矩形上边线依次向下偏移 40mm、20mm 和 740mm，将矩形两侧边线分别向内依次偏移 20mm、200mm、300mm，如图 9-42 所示。

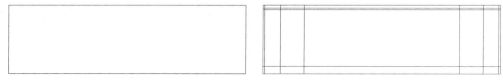

图 9-41   图 9-42

Step03 执行"直线"命令，绘制两条斜线，如图 9-43 所示。

Step04 执行"修剪"命令，修剪线条，删除多余的线条，如图 9-44 所示。

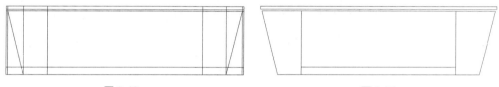

图 9-43   图 9-44

Step05 执行"矩形"命令，绘制长 20mm、宽 20mm 的矩形，作为台面支撑柱，如图 9-45 所示。选择支撑柱，执行"移动"命令，向右移动 20mm，如图 9-46 所示。

Step06 选择支撑柱，执行"复制"命令进行复制，如图 9-47 所示。

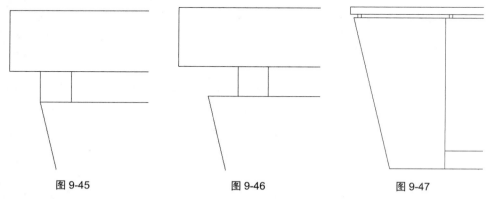

图 9-45   图 9-46   图 9-47

Step07 选择两个支撑柱，执行"镜像"命令，以台面中心为镜像点，镜像出另外一侧的支撑柱，如图 9-48 所示。

Step08 执行"多行文字"命令，使用鼠标拖曳的方式，绘制文字区域，并输入文字内容"LOGO"，并将其字体设为黑体，字号大小为 300，效果如图 9-49 所示。至此，接待台立面图绘制完成，保存文件即可。

AutoCAD 2020 室内设计 课堂实录

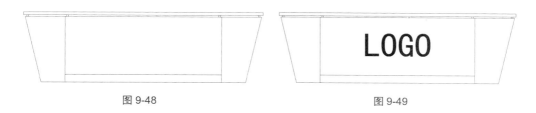

图 9-48   图 9-49

9.7 绘制办公组合桌椅平面图

办公组合桌椅是工装设计中常用到的图形，主要应用于办公空间。下面将利用矩形、直线、圆角、镜像、偏移、修剪等命令来绘制一套办公桌椅平面图，其具体绘制步骤如下。

Step01 执行"矩形"命令，分别绘制长 1800mm、宽 650mm 和长 300mm、宽 500mm 的两个矩形作为办公桌平面，如图 9-50 所示。

Step02 将光标移至大矩形下边线的中心夹点，在打开的快捷菜单中，选择"转化为圆弧"选项，如图 9-51 所示。

Step03 向下移动光标，并在命令行中输入 100，如图 9-52 所示。

Step04 按回车键完成矩形圆弧的绘制操作，如图 9-53 所示。

Step05 执行"偏移"命令，将两个矩形向内偏移 20mm，如图 9-54 所示。

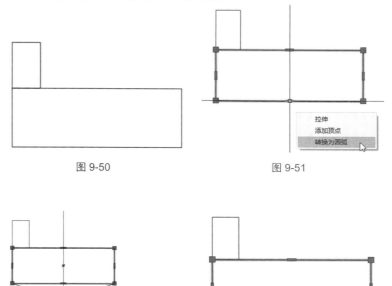

图 9-50   图 9-51

图 9-52   图 9-53

Step06 执行"矩形"命令，绘制一个长 450mm、宽 400mm 的矩形作为坐垫。执行"圆角"命令，设置圆角半径为 50mm，将坐垫进行圆角操作，如图 9-55 所示。

Step07 执行"矩形"命令，分别绘制长 450mm、宽 100mm 和长 100mm、宽 350mm 的两个矩形作为背靠和扶手，如图 9-56 所示。

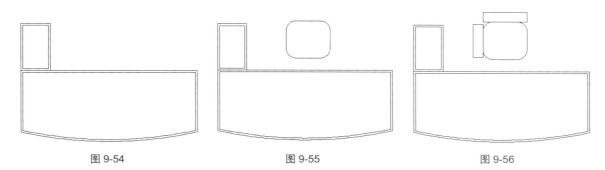

图 9-54   图 9-55   图 9-56

Step08 执行"圆角"命令，设置圆角半径为 50mm，将背靠和扶手进行圆角操作，如图 9-57 所示。

Step09 执行"镜像"命令，将左侧扶手图形，以坐垫中心点为镜像点，复制出另一个扶手图形，如图 9-58 所示。

Step10 执行"矩形"命令，绘制一个长 450mm、宽 175mm 的矩形作为坐垫，如图 9-59 所示。

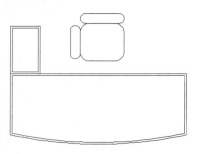

图 9-57

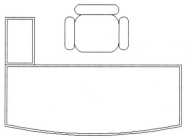

图 9-58

图 9-59

Step11 执行"圆心，半径"命令，以矩形的一条边中心点作为圆心，绘制一个半径为 225mm 的圆，如图 9-60 所示。

Step12 执行"修剪"命令，将多余的线条进行修剪，如图 9-61 所示。

Step13 执行"偏移"命令，将刚绘制的坐垫图形向外偏移

图 9-60

图 9-61

80mm，执行"直线"命令和"修剪"命令，绘制出靠背和扶手，如图 9-62、图 9-63、图 9-64 所示。

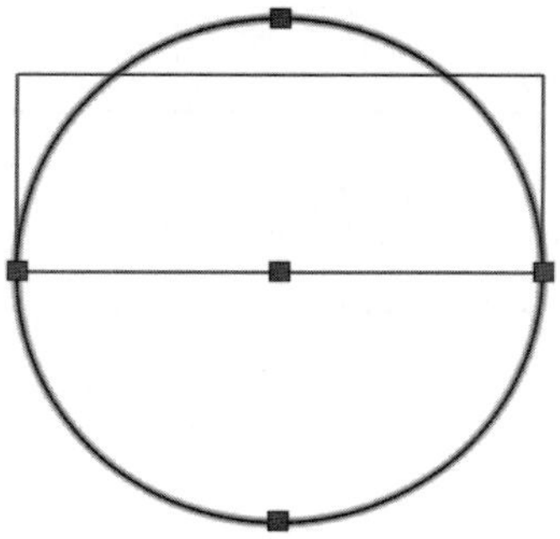

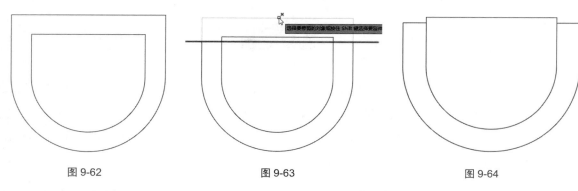

图 9-62

图 9-63

图 9-64

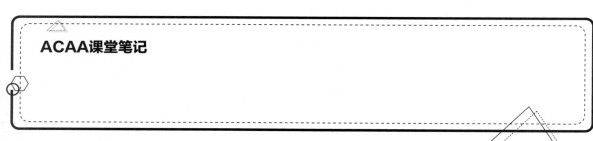

ACAA课堂笔记

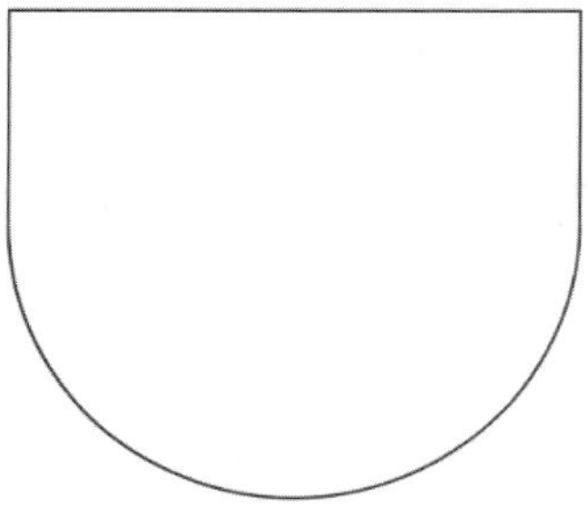

AutoCAD 2020 室内设计课堂实录

162

Step14 执行"复制"命令，复制出另一把座椅图形，并将两个座椅分别放置到图形合适位置，如图 9-65 所示。

Step15 执行"圆心，半径"命令，绘制一个半径为 70mm 的圆，执行"偏移"命令，将圆向外偏移 50mm，如图 9-66 所示。

Step16 执行"直线"命令，绘制灯平面示意图，结果如图 9-67 所示。

Step17 执行"矩形"命令，绘制长 2000mm、宽 2000mm 的矩形作为地毯，执行"偏移"命令，将矩形向外依次偏移 20mm、200mm 和 20mm，执行"修剪"命令，将地毯图形进行修剪，结果如图 9-68 所示。

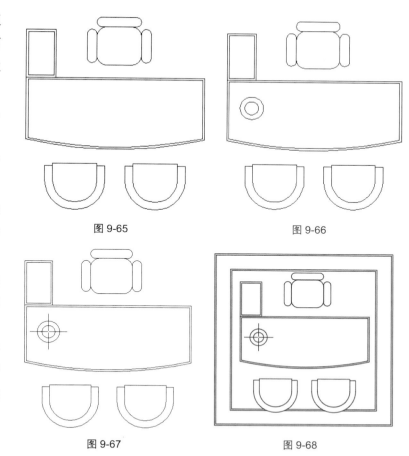

图 9-65　　　　　　　　　　图 9-66

图 9-67　　　　　　　　　　图 9-68

Step18 执行"插入"命令，在"块"设置面板中，单击该面板上方 ··· 按钮，打开"选择图形文件"对话框，从中选择电话图块，单击"打开"按钮，如图 9-69 所示。

Step19 在"块"设置面板中，将电话图块拖入绘图区合适位置，完成电话图块的插入操作，如图 9-70 所示。

图 9-69

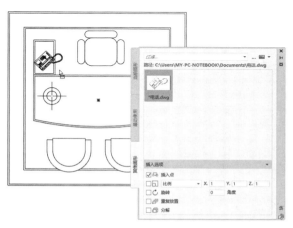

图 9-70

Step20 按照同样的操作方法，将电脑图块插入图形合适位置，如图 9-71 所示。

Step21 执行"多段线"命令，在地毯图形中绘制几个封闭的多边图形，如图 9-72 所示。

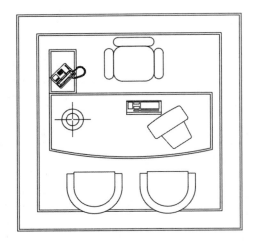
图 9-71

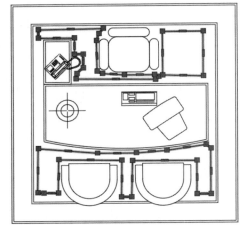
图 9-72

Step22 执行"图案填充"命令，在"图案填充创建"选项卡中，选择好填充图案、填充比例，在绘图区中选择刚绘制的多边形区域，将其填充，如图 9-73 所示。

Step23 删除多边形的轮廓，如图 9-74 所示。至此办公组合座椅平面图形已绘制完成，保存文件即可。

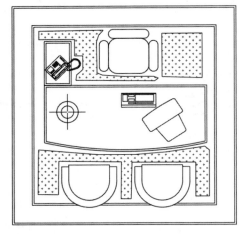
图 9-73

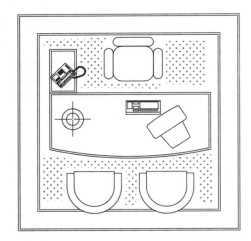
图 9-74

AutoCAD 2020 室内设计 课堂实录

第章 ————————

单身公寓施工图的绘制

内容导读

　　面对房价的压力，一些小户型的房子很受人们喜爱。对于小户型房屋装修设计来说，最重要的一点就是在有限的空间范围内进行合理的布置。特别是对于单身公寓这类的户型来说，合理利用空间这一点尤为突出。本章将以一套单身公寓为例，向用户介绍这类特殊户型房屋的设计方案，其中包括设计理念的介绍、绘图的方法及绘图技巧。

学习目标

» 了解小户型的设计技巧

» 掌握平面、立面图纸的绘制方法

» 掌握剖面及图纸的绘制方法

10.1 单身公寓设计原则

单身公寓是不少年轻人买房时的首选，这类住宅不仅总价较低，而且功能完善，完全可以满足人们日常生活所需。不过由于单身公寓面积较小，因此装修的难度也相对较大。那么如何对这类户型进行合理的设计呢？下面将介绍几个设计要点，以供用户参考使用。

1. 尽量采用软隔断进行空间划分

由于单身公寓面积一般都不大，普遍都在 30 ～ 50 平方米不等。像这样的户型面积，尽量不要使用硬质隔断进行划分，建议使用各种软隔断来划分，例如珠帘、花架、各类艺术屏风等。

厨房应选用开放式风格，这样可让室内空间更加通透，采光会更好，如图 10-1 所示。

2. 注意室内色彩搭配

在做室内配色时，不要选择灰、黑色调，尽量选择暖色系色调。这样可以让人心情轻松、愉悦。家具最好是选择原木色，窗帘、沙发也尽量选择浅色系，如图 10-2 所示。

图 10-1

图 10-2

3. 尽量采用简约风格

小户型公寓的装修风格应选用简洁、自然风格为主。这种风格以自然流畅的空间感为主题，以简洁、实用为原则，使人与空间浑然天成。尽量不要选择欧式和中式风格，因为这类风格需要占用很大空间。

10.2 绘制公寓平面类图纸

通常平面图纸包括平面布置图、地面布置图、顶面布置图、电路布置图以及插座开关布置图等。下面将重点介绍几类常用的平面图纸绘制方法。

■ 10.2.1　绘制公寓原始户型图

原始户型图是必须要有的，它是所有设计图纸的依据。在绘制户型图时，将户型构造、上下水管、烟道、地漏、层高以及所有尺寸参数表达清楚即可，其具体绘制步骤如下。

Step01 启动软件，在"默认"选项卡"图层"面板中单击"图层特性"按钮，打开"图层"对话框，单击"新建图层"按钮，如图 10-3 所示。

Step02 创建新的图层，双击名称选项，进入编辑状态，为其命名为"轴线"，如图 10-4 所示。

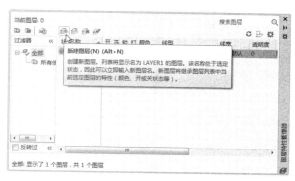

图 10-3

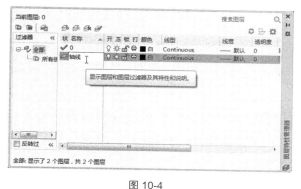

图 10-4

Step03 单击"颜色"图标选项，打开"选择颜色"对话框，在对话框中选择红色，如图 10-5 所示。

Step04 单击"线型"图标选项，打开"选择线型"对话框，再单击"加载"按钮，如图 10-6 所示。

Step05 打开"加载或重载线型"对话框，选择相关线型，单击"确定"按钮，如图 10-7 所示。

Step06 返回上一对话框，选择加载后的线型，单击"确定"按钮即可完成线型的选择，如图 10-8 所示。

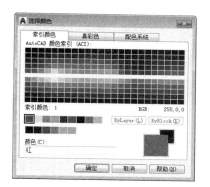

图 10-5

图 10-6

图 10-7

图 10-8

ACAA课堂笔记

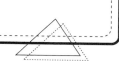

Step07 单击"新建图层"按钮，新建其他所需图层，依次重命名并设置相关属性，如图 10-9 所示。

Step08 双击"轴线"图层，将该图层设置为当前图层，如图 10-10 所示。

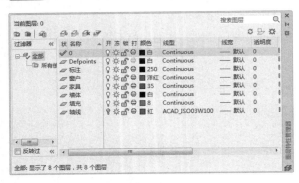

图 10-9

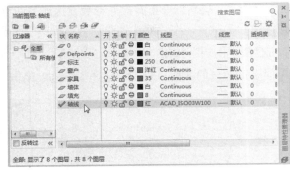

图 10-10

Step09 执行"矩形"命令，绘制长 11000mm、宽 5000mm 的矩形，并执行"分解"命令，将其矩形进行分解，如图 10-11 所示。

Step10 执行"偏移"命令，将上方直线向下依次偏移 400mm、1260mm、60mm、840mm、160mm、950mm、920mm，如图 10-12 所示。

图 10-11

图 10-12

Step11 继续执行"偏移"命令，将右侧直线向左依次偏移 580mm、1020mm、700mm、1060mm、6320mm、750mm，如图 10-13 所示。

Step12 在"默认"选项卡"图层"面板的"图层"下拉列表中，选择"墙体"图层，并将其设置为当前层，如图 10-14 所示。

图 10-13

图 10-14

ACAA课堂笔记

Step13 执行"多线样式"命令，打开"多线样式"对话框，单击"修改"按钮，如图 10-15 所示。

Step14 打开"修改多线样式：STANDARD"对话框，勾选"封口"选项组下"直线"选项对应的"起点"和"端点"复选框，单击"确定"按钮，如图 10-16 所示。

Step15 返回到上一对话框中，单击"确定"按钮完成多线样式的设置，如图 10-17 所示。

图 10-15

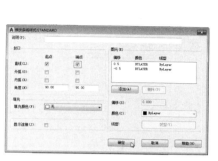

图 10-16

图 10-17

Step16 执行"多线"命令，设置对正类型为"无"，多线比例为"240"，捕捉轴线绘制外墙体，如图 10-18 所示。

Step17 继续执行"多线"命令，设置多线比例为"120"，同样捕捉轴线，绘制内墙体线，如图 10-19 所示。

Step18 执行"直线"命令，捕捉绘制两条直线，作为飘窗的内外边线，如图 10-20 所示。

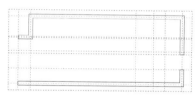

图 10-18

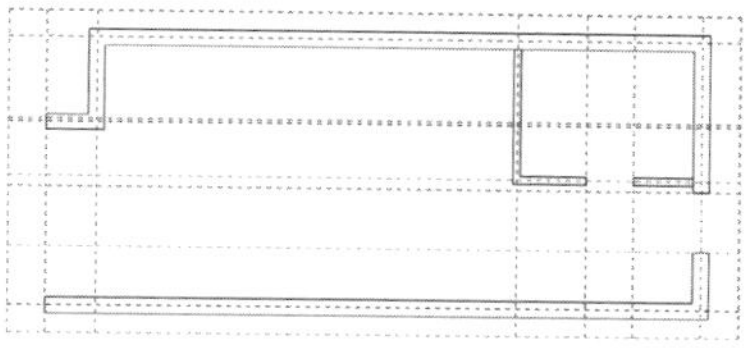

图 10-19

图 10-20

Step19 执行"偏移"命令，将飘窗外侧边线向内依次偏移 60mm 和 60mm，并将其线段设置为"窗户"图层，如图 10-21 所示。

Step20 在"图层"下拉列表中，选择"轴线"图层的"开/关图层"按钮，关闭图层。

Step21 关闭"轴线"图层后，可以看到单身公寓的大致轮廓，如图 10-23 所示。

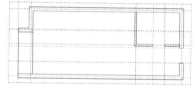

图 10-21

图 10-22

Step22 执行"矩形"命令，绘制长 400mm、宽 300mm 的矩形，移动到合适位置，作为烟道图形，如图 10-24 所示。

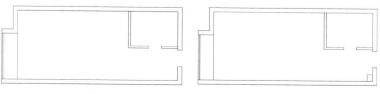

图 10-23

图 10-24

Step23 将"窗户"图层设为当前图层，执行"圆"命令，绘制半径为950mm的圆，如图10-25所示。

Step24 执行"矩形"命令，绘制长950mm、宽40mm的矩形，移动到合适位置，如图10-26所示。

Step25 执行"修剪"命令，修剪多余的圆形，制作出门图形，如图10-27所示。

Step26 执行"圆"命令，绘制半径为55mm的圆，分布在户型图中，作为下水管道示意，如图10-28所示。

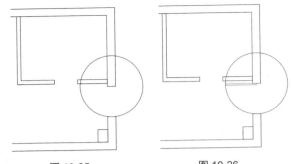

图 10-25　　　　　　图 10-26

Step27 执行"标注样式"命令，打开"标注样式管理器"对话框，单击"修改"按钮，如图10-29所示。

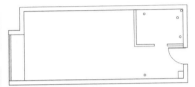

图 10-27　　　　　　图 10-28

Step28 打开"修改标注样式：ISO-25"对话框，在"文字"选线卡中设置文字高度为"150"，如图10-30所示。

Step29 单击"文字样式"按钮，打开"文字样式"对话框，设置字体为"宋体"，单击"应用"按钮并关闭对话框，如图10-31所示。

Step30 切换到"符号和箭头"选项卡，设置箭头符号为"建筑标记"，并设置"箭头大小"为"150"，如图10-32所示。

Step31 切换到"主单位"选项卡，设置线性标注精度为"0"，如图10-33所示。

Step32 切换到"调整"选项卡，在"调整选项"面板中勾选"文字始终保持在尺寸界线之间"单选按钮及"若箭头不能放在尺寸界线内，则将其消除"复选框，如图10-34所示。

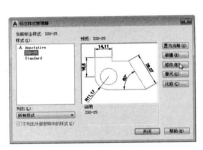

图 10-29

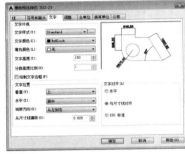

图 10-30

图 10-31

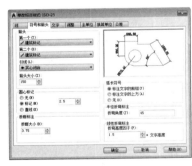

图 10-32

图 10-33

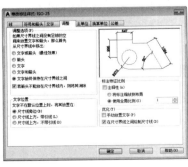

图 10-34

Step33 切换到"线"选项卡，设置"超出尺寸线"为"50"，"起点偏移量"为"80"，如图 10-35 所示。

Step34 单击"确定"按钮返回到上一对话框，单击"置为当前"按钮完成尺寸标注的设置，如图 10-36 所示。

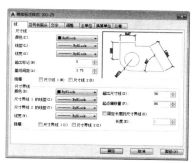
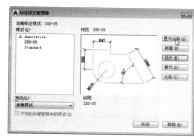

图 10-35　　　　　　　　　　　　图 10-36

Step35 在"图层"下拉列表中，选择"轴线"图层的"开/关图层"按钮，打开轴线图层，此时，轴线图层的图形又显示在绘图区中。

Step36 执行"线性"和"连续"命令，为户型图进行尺寸标注，如图 10-37 所示。

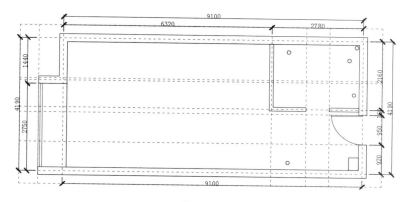

图 10-37

Step37 关闭"轴线"图层。执行"多行文字"命令，使用鼠标拖曳的方法，指定两个对象点，绘制出文字编辑区域，并输入"单身公寓户型图"文字内容，如图 10-38 所示。

Step38 在文字编辑器中选中文字内容，设置文字字体、大小、加粗，如图 10-39 所示。

图 10-38　　　　　　　图 10-39

Step39 设置好后，关闭文字编辑器，完成图示内容的输入操作，如图 10-40 所示。

Step40 执行"多段线"命令，在图示内容下方绘制一条多段线，如图 10-41 所示。

Step41 右击多段线，在打开的快捷菜单中选择"特性"选项，打开"特性"设置面板，将"全局宽度"设为"50"，如图 10-42 所示。

单身公寓户型图　　　**单身公寓户型图**

图 10-40　　　　　　图 10-41　　　　　　图 10-42

Step42 在绘图区中可以看到设置后的多段线变成了一条带有宽度的线段，如图 10-43 所示。

Step43 向下复制多段线，并执行"分解"命令，将复制的多段线炸开，效果如图 10-44 所示。至此，单身公寓户型图已绘制完成，效果如图 10-45 所示。

单身公寓户型图　　　　**单身公寓户型图**

图 10-43　　　　　　　图 10-44

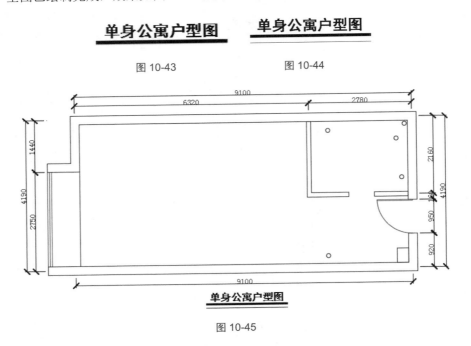

单身公寓户型图

图 10-45

■ 10.2.2　绘制公寓平面布置图

平面布置图是所有平面类图纸中最重要的图纸，其他所有图纸都是围绕着该图纸进行设计的。所以空间安排是否合理，关键就看这张图纸。下面将对单身公寓平面布置图进行绘制操作，其具体绘制步骤如下。

Step01 复制户型图，双击复制后的图示内容，将其文本设为"单身公寓平面布置图"，执行"拉伸"命令，调整两条多段线的长度，如图 10-46 所示。

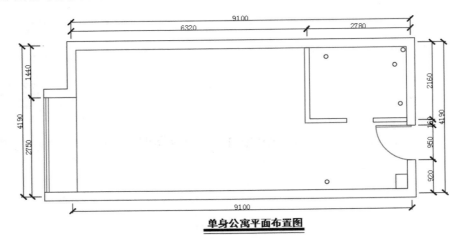

单身公寓平面布置图

图 10-46

Step02 将墙体多段线炸开，执行"延伸"命令，将卫生间墙体向下延伸，如图 10-47 所示。

Step03 执行"偏移"命令，将墙体向上偏移 600mm，如图 10-48 所示。

Step04 执行"修剪"命令，修剪多余的图形，绘制出厨房区域，如图 10-49 所示。

Step05 执行"矩形"命令，分别绘制长 200mm、宽 200mm和长 600mm、宽 1000mm 的两个矩形，分别作为包水管和洗手台轮廓，如图 10-50 所示。

Step06 执行"偏移"命令，将包水管轮廓和烟道轮廓向内偏移 20mm，如图 10-51 所示。

Step07 执行"圆角"命令，设置圆角半径为 50mm，对洗手台轮廓进行圆角操作，如图 10-52 所示。

ACAA课堂笔记

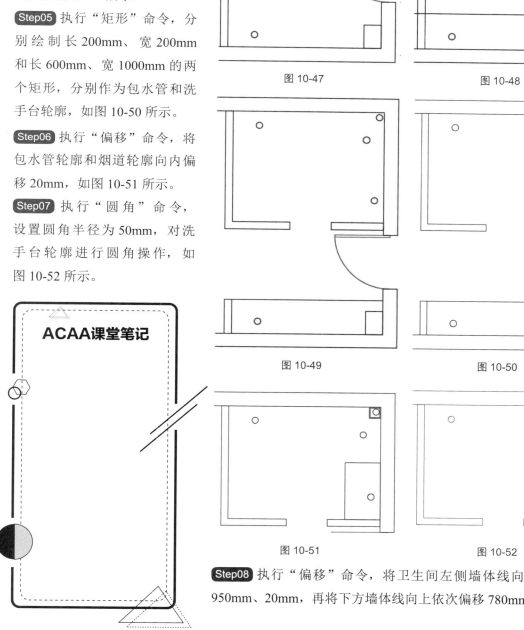

图 10-47

图 10-48

图 10-49

图 10-50

图 10-51

图 10-52

Step08 执行"偏移"命令，将卫生间左侧墙体线向右依次偏移 950mm、20mm，再将下方墙体线向上依次偏移 780mm、700mm，如图 10-53 所示。

Step09 执行"修剪"命令，修剪多余的线条，完成淋浴隔断的绘制，如图 10-54 所示。

Step10 依次执行"矩形""旋转"和"圆弧"命令，绘制一个长 20mm、宽 700mm 的矩形，并将其旋转 60°，再绘制一条圆弧线，完成淋浴间门图形的绘制，如图 10-55 所示。

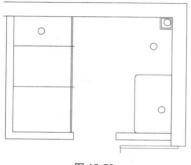
图 10-53

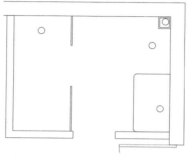
图 10-54

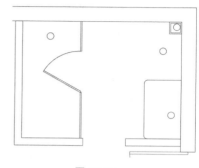
图 10-55

Step11 执行"复制"命令，将绘制的门图形，复制到卫生间门洞上，如图 10-56 所示。

Step12 将淋浴间门和卫生间门图形都设置为"窗户"图层中，如图 10-57 所示。

Step13 执行"插入"命令，在"块"选项面板中打开"选择图形文件"对话框，选择马桶图块，单击"打开"按钮，将马桶图块插入"块"面板，如图 10-58 所示。

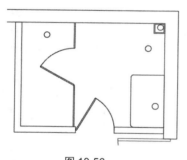
图 10-56

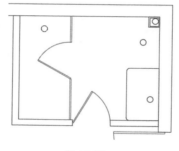
图 10-57

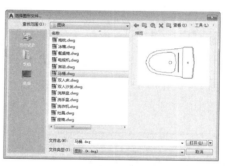
图 10-58

Step14 在"块"面板中，选中马桶图块，将其拖至图形合适位置，如图 10-59 所示。

Step15 按照同样的操作，将其他卫浴图块插入图形中，如图 10-60 所示。

Step16 执行"矩形"命令，绘制长 600mm、宽 600mm，长 2200mm、宽 600mm，长 800mm、宽 600mm 以及长

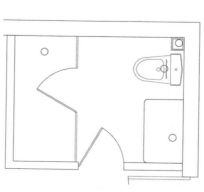
图 10-59

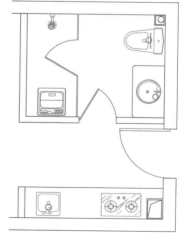
图 10-60

AutoCAD 2020 室内设计课堂实录

600mm、宽1400mm的4个矩形，放置到合适位置，如图10-61所示。

Step17 执行"圆角"命令，设置圆角尺寸为50mm，对其中一个矩形进行圆角操作。

Step19 执行"直线"命令，绘制四条装饰线，如图10-63所示。

Step20 选中刚绘制的直线，在"默认"选项卡的"特性"面板中单击"线型"下拉按钮，选中合适的线型，结果如图10-64所示。

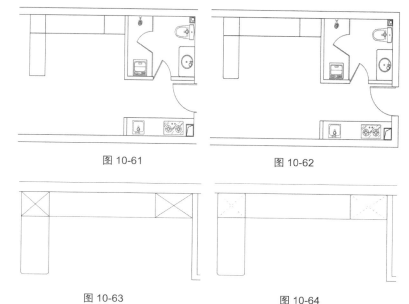

图 10-61

图 10-62

图 10-63

图 10-64

注意事项

在"线型"下拉列表中，如果没有合适的线型，可以选择"其他"选项，打开"线型管理器"对话框，从中加载所需线型即可。

Step21 执行"矩形"命令，绘制长30mm、宽500mm的矩形。执行"复制"和"旋转"命令，复制矩形并适当进行旋转调整，如图10-65所示。

Step22 执行"直线"命令，绘制两条间距20mm的直线，如图10-66所示。

Step23 执行"特性匹配"命令，将衣架线与衣柜装饰线型进行匹配操作，如图10-67所示。

图 10-65

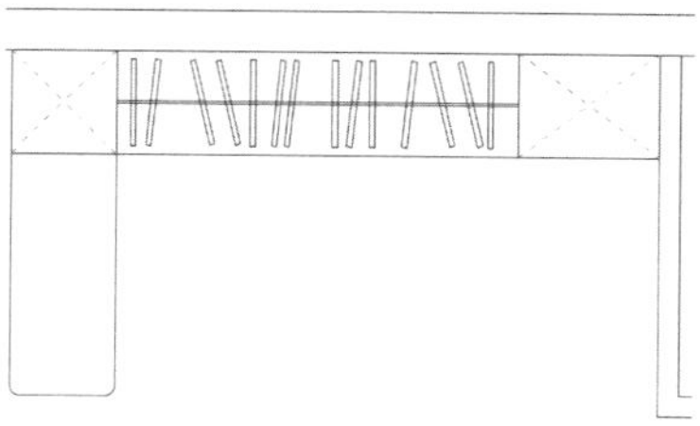

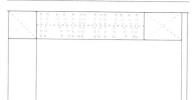

图 10-66

图 10-67

Step24 将沙发、座椅、餐桌椅、电视机、冰箱、抱枕图块插入该区域，如图10-68所示。

Step25 插入双人床图块，将其炸开。删除一侧床头柜图形，再将图形创建成图块，如图10-69所示。

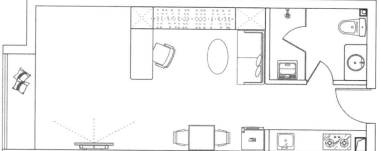

图 10-68

Step26 执行"直线"命令，绘制一条距离墙体 100mm 的直线，再将双人床图块移动到该位置，如图 10-70 所示。

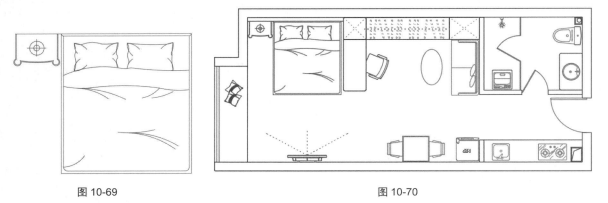

图 10-69   图 10-70

Step27 将台灯、花盆、立面指示符等图块插入图形合适位置，如图 10-71 所示。至此公寓平面布置图绘制完毕。

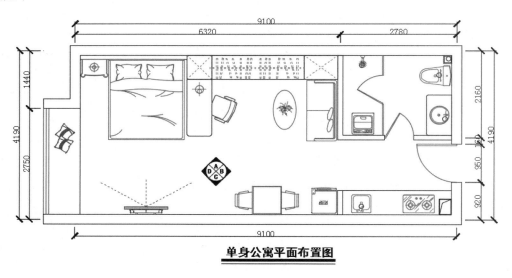

单身公寓平面布置图

图 10-71

■ 10.2.3　绘制公寓地面布置图

地面布置图能够反映出住宅地面材质及造型的效果，可在平面布置图上将家具删除后，运用图案填充命令，绘制地面布置图。具体绘制步骤如下。

ACAA课堂笔记

AutoCAD 2020 室内设计课堂实录

Step01 复制平面布置图，删除多余图形，修改文字说明为"单身公寓地面布置图"。

Step02 执行"直线"命令，绘制直线将地面分区，如图 10-72 所示。

Step03 将填充图层设置为当前图层，执行"图案填充"命令，在"图案填充创建"选项卡中设置一下填充图案的参数，如图 10-73 所示。

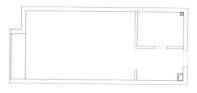

图 10-72

图 10-73

Step04 设置完成后，在填充区域中拾取填充点，完成图案的填充操作，如图 10-74 所示。

Step05 执行"图案填充"命令，选择"ANGLE"图案，设置填充比例为"50"，填充卫生间区域，如图 10-75 所示。

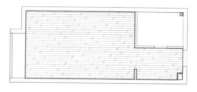

图 10-74

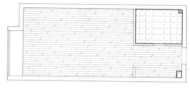

图 10-75

Step06 执行"多行文字"命令，为地面添加文字，用来注释地面材质，如图 10-76 所示，至此公寓地面布置图绘制完成。

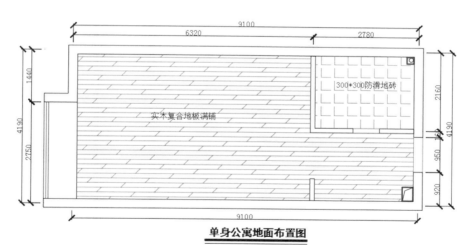

单身公寓地面布置图

图 10-76

10.2.4 绘制公寓顶棚布置图

顶棚图是施工图纸中的重要图纸之一，它能够反映出住宅顶面造型的效果，顶棚图通常由顶面造型线、灯具图块、标高、材料注释及灯具列表组成。具体绘制步骤如下。

Step01 复制地面布置图，删除多余图形，修改文字说明为"单身公寓顶棚布置图"。执行"直线"命令，绘制直线将入户与起居区域分区，如图 10-77 所示。

Step02 执行"偏移"命令，将上方墙体线向下依次偏移 550mm、50mm，如图 10-78 所示。

Step03 执行"修剪"命令，修剪多余的线条。选择一条线，打开"特性"面板，设置颜色及线型、线型比例，如图 10-79 所示。

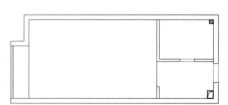

图 10-77

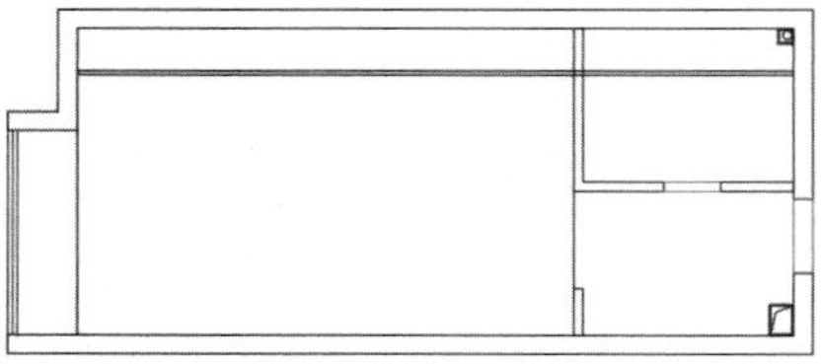

图 10-78

图 10-79

Step04 设置完成关闭"特性"面板，观察图形效果，如图 10-80 所示。

Step05 执行"图案填充"命令，选择图案"NET"，设置比例为"95"，选择洗浴空间进行填充，如图 10-81 所示。

Step06 将筒灯、栅格灯、浴霸等图块插入图形中。执行"复制"命令，将筒灯图块进行复制，并放置在图形合适位置，如图 10-82 所示。

Step07 执行"多行文字"命令，在"文字编辑器"选项卡中，将文字大小设为"150"，为图形添加材料注释，如图 10-83 所示。

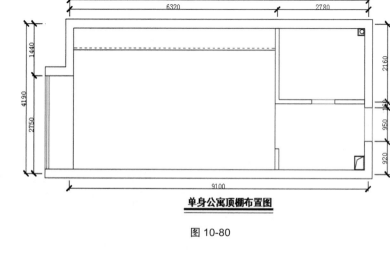

单身公寓顶棚布置图

图 10-80

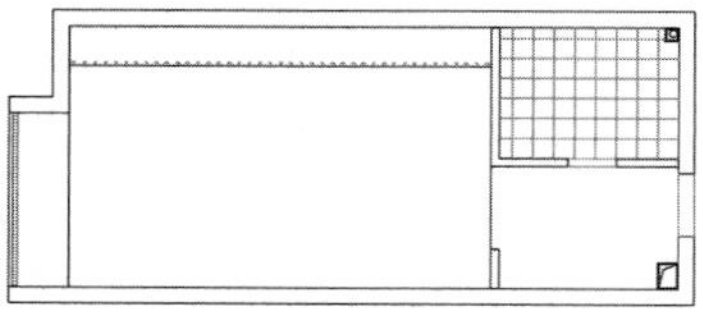

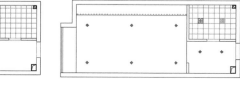

图 10-81

图 10-82

ACAA课堂笔记

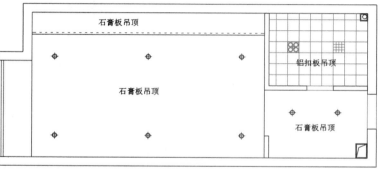

图 10-83

AutoCAD 2020 室内设计课堂实录

Step08 利用"多段线""填充"和"文字"命令，创建标高符号，如图 10-84 所示。

Step09 复制标高符号并更改标高数字，完成顶棚布置图的绘制，如图 10-85 所示。

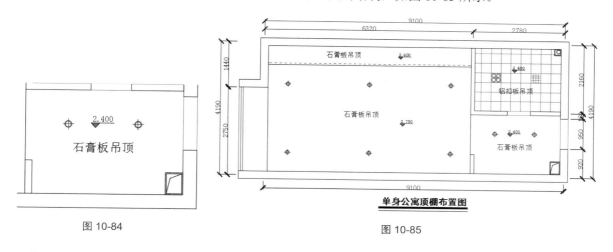

图 10-84

单身公寓顶棚布置图

图 10-85

10.3 绘制公寓立面图

室内施工立面图主要是表现室内墙面的装饰造型、装饰面处理以及剖切吊顶顶棚的断面处理等内容。施工人员会结合平面布置图及平面顶棚图进行施工。用户只需绘制带有设计造型的立面墙体即可，所以并非所有墙立面都要绘制出来。

10.3.1 绘制客厅 A 立面图

在室内装潢设计中，起居室一般是设计的重点，下面就结合平面图纸中的尺寸布置绘制出客厅 A 立面图，其具体绘制步骤如下：

Step01 根据平面图的尺寸，执行"直线"及"偏移"命令，绘制客厅 A 立面图墙体轮廓线，如图 10-86 所示。

Step02 执行"修剪"命令，修剪刚绘制的立面图墙体线，如图 10-87 所示。

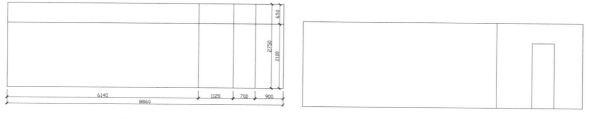

图 10-86

图 10-87

Step03 执行"偏移"和"修剪"命令，将上方边线向下依次偏移 150mm、200mm，再修剪图形，如图 10-88 所示。

Step04 继续执行"偏移"命令，对墙体线进行偏移操作，如图 10-89 所示。

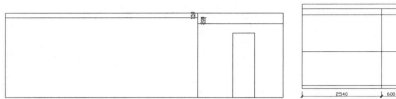

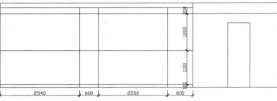

图 10-88   图 10-89

Step05 执行"修剪"命令，修剪偏移的图形，如图 10-90 所示。

Step06 执行"偏移"和"修剪"命令，将书柜线向内偏移 40mm，并将其进行修剪，如图 10-91 所示。

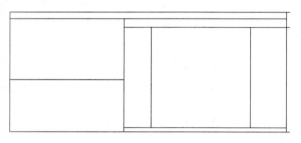

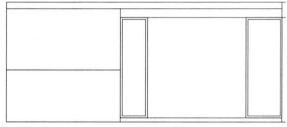

图 10-90   图 10-91

Step07 执行"矩形"命令，绘制长 1125mm、宽 2300mm 的矩形，再将其向内偏移 50mm、10mm，绘制衣柜一扇推拉门图形，如图 10-92 所示。

Step08 执行"复制"命令，复制推拉门至左侧，并执行"修剪"命令，修剪多余的线段，如图 10-93 所示。

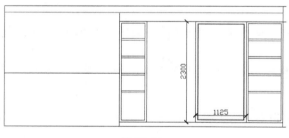

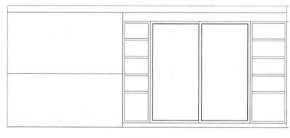

图 10-92   图 10-93

Step09 绘制间距为 400mm 的两条直线并进行复制，如图 10-94 所示。

Step10 继续执行"直线"命令，捕捉左侧书柜中点绘制一条线，如图 10-95 所示。

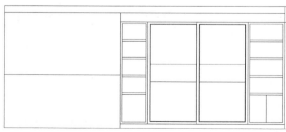

图 10-94   图 10-95

Step11 将双人床、装饰画、单开门等图块插入立面图合适的位置，如图 10-96 所示。

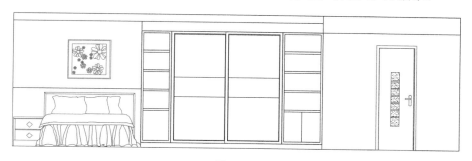

图 10-96

Step12 利用"偏移"和"修剪"命令，制作高度 80mm 的踢脚线。

Step13 执行"图案填充"命令，选择"ANSI31"图案，设置比例为"20"，选择顶部区域进行填充，如图 10-97 所示。

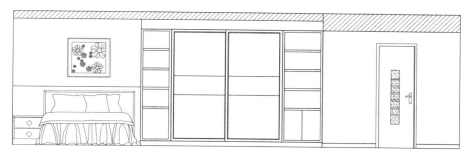

图 10-97

Step14 继续执行"图案填充"命令，选择"CROSS"图案，设置比例为"15"，选择床头墙面区域以及入户区域墙面进行填充，如图 10-98 所示。

图 10-98

ACAA课堂笔记

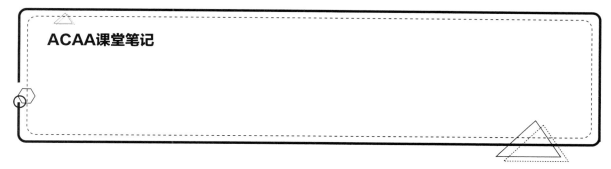

Step15 执行"图案填充"命令,选择"LINE"图案,设置比例为"10",选择床头靠背区域和衣柜区域进行填充,如图 10-99 所示。

Step16 执行"图案填充"命令,选择"AR-SAND"图案,设置比例为"3",选择衣柜柜门区域进行填充,如图 10-100 所示。

Step17 执行"图案填充"命令,选择"AR-RROOF"图案,选择柜门区域进行填充,如图 10-101 所示。

图 10-99

图 10-100

图 10-101

Step18 为图形插入各种装饰图块。执行"偏移"命令,将上方吊顶线向上偏移 300mm,再执行"延伸"命令,延伸图形,如图 10-102 所示。

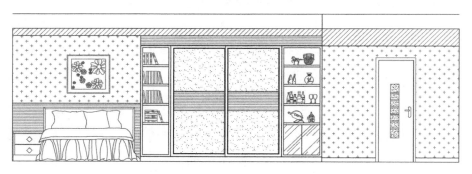

图 10-102

Step19 绘制边长 80mm 的直角多段线,并旋转 45°,放置到直线顶端,如图 10-103 所示。

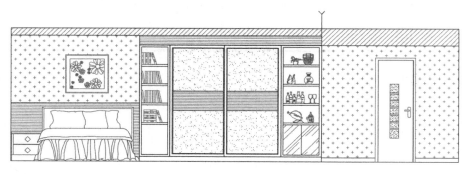

图 10-103

Step20 执行"线性"命令，为立面图进行尺寸标注，如图 10-104 所示。

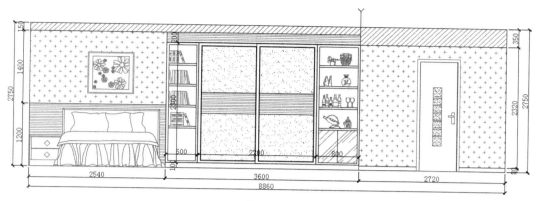

图 10-104

Step21 在命令行中输入"ql"快捷命令，对立面图添加材料注释，如图 10-105 所示。

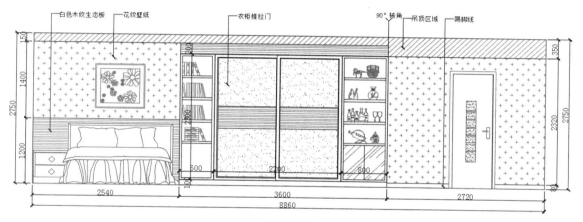

图 10-105

Step22 复制平面图中的图示内容，并将其内容修改为"起居空间 A 立面图"，为立面图添加图示，如图 10-106 所示。至此客厅 A 立面图绘制完成。

起居空间A立面图

图 10-106

10.3.2 绘制客厅C立面图

接下来将根据平面图布置图绘制客厅C立面图，其具体绘制步骤如下。

Step01 根据平面图的尺寸，执行"直线"和"偏移"命令，绘制客厅C立面图墙体轮廓线，如图 10-107 所示。

Step02 执行"修剪"命令，对墙体线进行修剪，如图 10-108 所示。

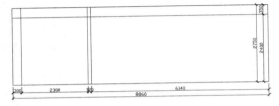

图 10-107

图 10-108

Step03 执行"偏移"和"修剪"命令，将上方边线向下依次偏移 150mm、200mm，再修剪图形，如图 10-109 所示。

Step04 执行"修剪"命令，对偏移后的线段进行修剪操作，完成厨房立面轮廓线的绘制，如图 10-110 所示。

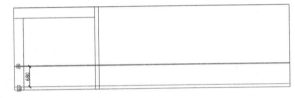

图 10-109

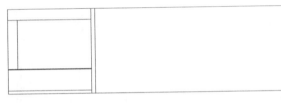

图 10-110

Step05 执行"偏移"命令，按照标注尺寸进行偏移，如图 10-111 所示。执行"修剪"命令，修剪多余的线段，如图 10-112 所示。

Step06 执行"定数等分"命令，将一条直线平均分为四份，如图 10-113 所示。

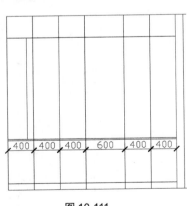

图 10-111

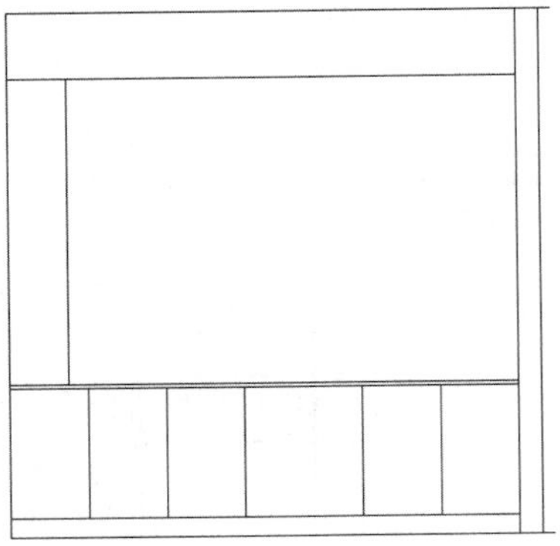

图 10-112

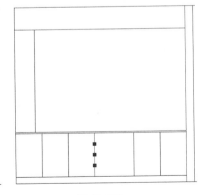

图 10-113

Step07 执行"直线"命令，捕捉等分点，绘制三条直线再删除等分点，如图 10-114 所示。

Step08 执行"矩形"命令，绘制长 200mm、宽 40mm 的矩形，并进行复制，作为橱柜拉手，如图 10-115 所示。

Step09 执行"偏移"命令，将烟道轮廓向右进行偏移，同时，将橱柜台面线段向上偏移，如图 10-116 所示。

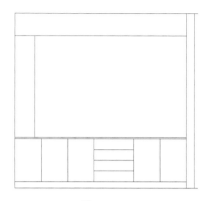

图 10-114

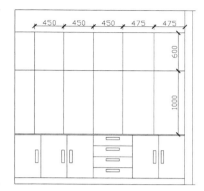

图 10-115

图 10-116

Step10 执行"修剪"命令，修剪偏移后的图形，如图 10-117 所示。

Step11 执行"矩形"命令，捕捉绘制矩形，再将矩形向内偏移 20mm，如图 10-118 所示。

Step12 复制橱柜拉手图形到吊柜位置。执行"直线"命令，绘制交叉的装饰线。执行"偏移"和"修剪"命令，绘制高度为80mm的踢脚线，如图 10-119 所示。

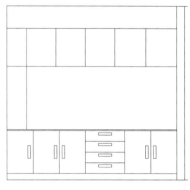

图 10-117

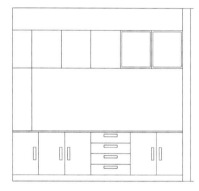

图 10-118

图 10-119

ACAA课堂笔记

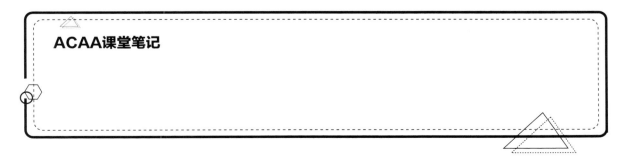

Step13 为图形插入厨具、冰箱、餐桌椅、电视机、冰箱等图块，并调整到合适的位置，如图 10-120 所示。

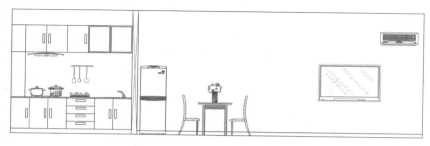

图 10-120

Step14 执行"修剪"命令，修剪被图块覆盖到的图形。执行"图案填充"命令，选择图案"ANSI31"，设置比例为"20"，选择顶部区域进行填充，如图 10-121 所示。

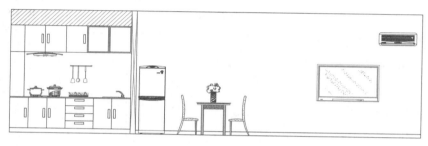

图 10-121

Step15 执行"图案填充"命令，选择图案"NET"，设置比例为"32"，选择厨房墙面区域进行填充，如图 10-122 所示。

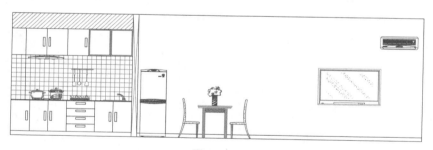

图 10-122

Step16 执行"图案填充"命令，选择图案"CROSS"，设置比例为"15"，选择电视背景墙区域进行填充，如图 10-123 所示。

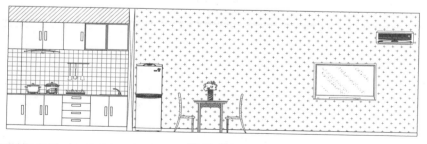

图 10-123

Step17 执行"图案填充"命令，选择图案"AR-RROOF"，设置比例为"10"，选择吊柜区域进行填充，如图 10-124 所示。

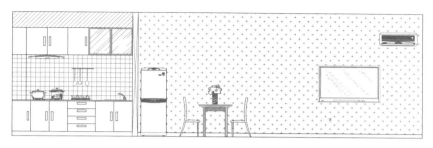

图 10-124

Step18 执行"线性"和"连续"命令，为客厅 C 立面图进行尺寸标注，如图 10-125 所示。

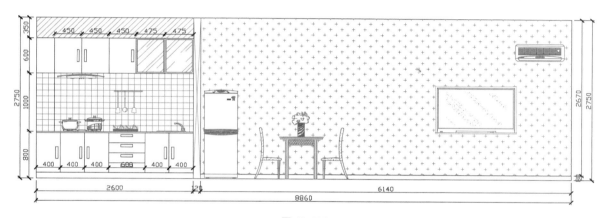

图 10-125

Step19 在命令行中输入"ql"快捷命令，对立面图进行材料注释，如图 10-126 所示。

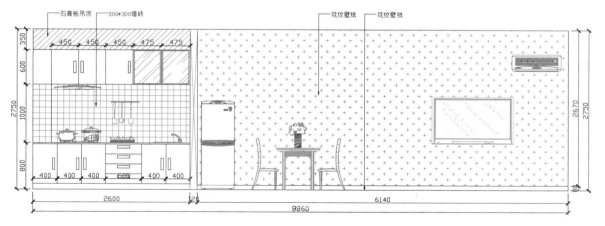

图 10-126

Step20 复制图示内容，并将其内容修改为"起居空间 C 立面图"，为该立面图添加图示，如图 10-127 所示。至此客厅 C 立面图绘制完成。

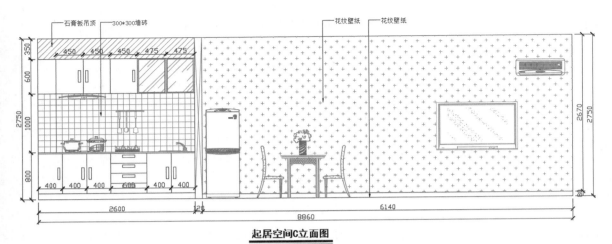

起居空间C立面图

图 10-127

10.3.3 绘制洗手间 B 立面图

下面同样根据平面布置图，来绘制洗手间 B 立面图造型，其具体绘制步骤如下：

Step01 根据平面图的尺寸，执行"直线"及"偏移"命令，绘制洗浴间 B 立面图墙体轮廓线，如图 10-128 所示。

Step02 执行"偏移"命令，偏移墙线，如图 10-129 所示。

Step03 执行"修剪"命令，将偏移的墙线进行修剪，如图 10-130 所示。

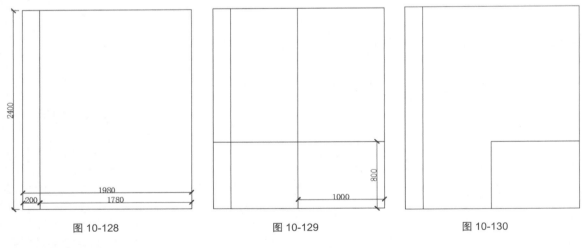

图 10-128   图 10-129   图 10-130

ACAA课堂笔记

Step04 执行"偏移"命令，按照如图 10-131 所示的图形进行偏移操作。

Step05 执行"修剪"命令，修剪出洗手台的大致轮廓，如图 10-132 所示。

Step06 执行"多段线"和"偏移"命令，绘制如图 10-133 所示的多段线，并将其向内偏移。

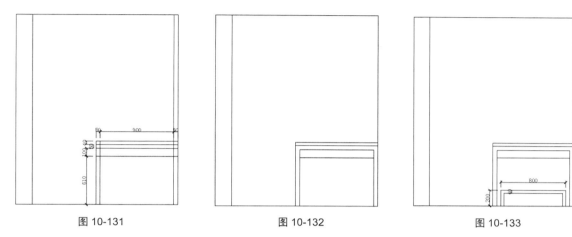

图 10-131   图 10-132   图 10-133

Step07 执行"矩形"命令，绘制长 1000mm、宽 1000mm 的矩形，放置到合适位置，如图 10-134 所示。

Step08 执行"圆角"命令，设置圆角尺寸为 100mm，对矩形进行圆角操作，绘制镜子轮廓图形，如图 10-135 所示。

Step09 为图形插入洗脸盆、马桶、毛巾架等图块，并放置在图形合适位置，如图 10-136 所示。

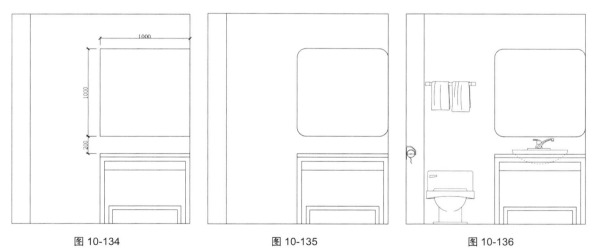

图 10-134   图 10-135   图 10-136

Step10 执行"图案填充"命令，选择"NET"图案，设置比例为"32"，选择墙面区域进行填充，如图 10-137 所示。

Step11 执行"图案填充"命令，选择"AR-RROOF"图案，设置比例为"15"，选择镜子区域进行填充，如图 10-138 所示。

Step12 执行"线性"和"连续"命令，为立面图进行尺寸标注，如图 10-139 所示。

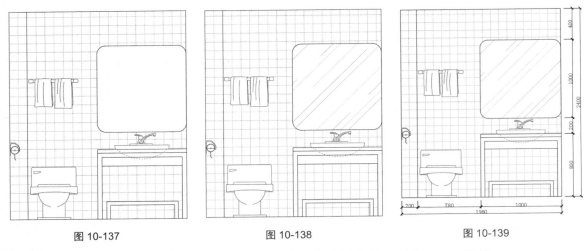

图 10-137   图 10-138   图 10-139

Step13 在命令行中输入 "ql" 快捷命令，对立面图进行材料注释，如图 10-140 所示。

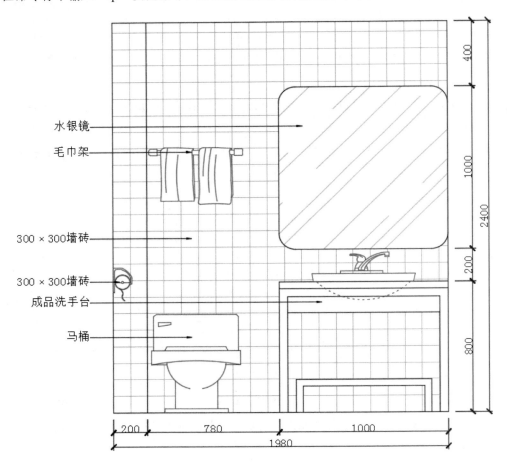

水银镜
毛巾架
300×300墙砖
300×300墙砖
成品洗手台
马桶

图 10-140

Step14 复制图示内容，并将其内容修改为"洗浴间 B 立面图"，为该立面图添加图示，如图 10-141 所示。
至此，洗浴间 B 立面图绘制完成。

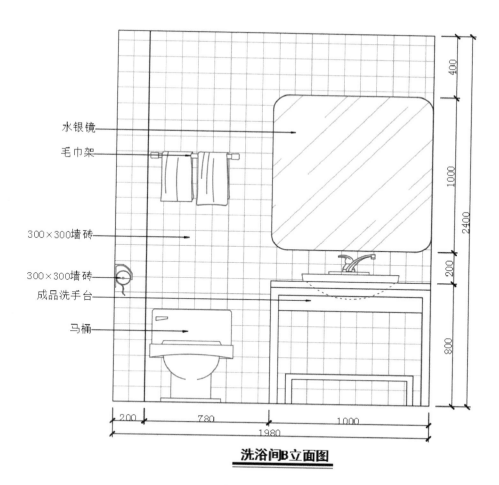

水银镜

毛巾架

300×300墙砖

300×300墙砖

成品洗手台

马桶

400

1000

2400

200

800

200   780   1000

1980

洗浴间B立面图

图 10-141

10.4 绘制公寓吊顶剖面详图

在施工图中绘制剖面详图或大样图的目的主要是表现一些施工细节，施工人员可按照该图纸标注的施工工艺及尺寸进行相应的施工操作。下面介绍公寓客厅吊顶灯槽剖面图的绘制方法，其具体绘制步骤如下：

Step01 执行"直线"和"偏移"命令，绘制直线并进行偏移，如图 10-142 所示。

Step02 执行"直线"和"修剪"命令，继续绘制直线，修剪掉多余部分，如图 10-143 所示。

Step03 执行"直线"和"修剪"命令，将剖面图绘制完整，如图 10-144 所示。

Step04 执行"修剪"命令，修剪图形并绘制直线，如图 10-145 所示。

80

70

150

图 10-142

图 10-143

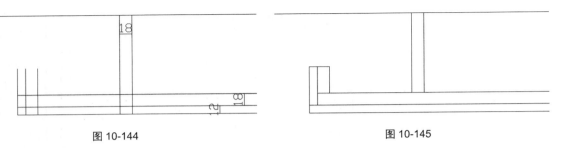

图 10-144　　　　　　　　　　　　　　　图 10-145

Step05 执行"圆"命令，绘制一个圆，其大小适中即可，如图 10-146 所示。

Step06 执行"修剪"命令，修剪圆外的图形，如图 10-147 所示。

Step07 将 T5 灯具图块插入吊顶图形中，如图 10-148 所示。执行"图案填充"命令，为图形填充图案，如图 10-149 所示。

Step08 执行"线性"和"连续"命令，为剖面图进行尺寸标注，如图 10-150 所示。

Step09 在命令行中输入"ql"快捷命令，对剖面图进行材料注释，如图 10-151 所示。至此，吊顶灯槽剖面详图绘制完成，保存文件即可。

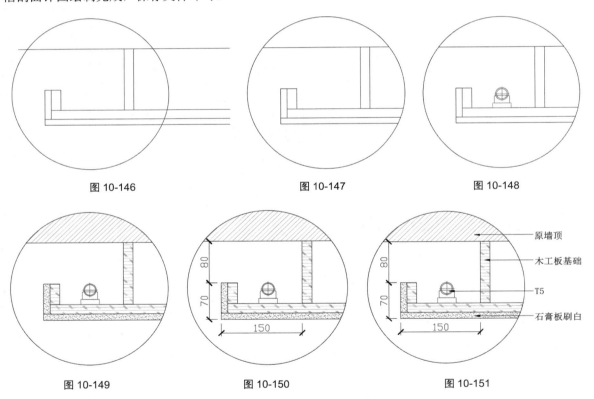

图 10-146　　　　　　　　　　图 10-147　　　　　　　　　　图 10-148

图 10-149　　　　　　　　　　图 10-150　　　　　　　　　　图 10-151

第 <11> 章

KTV 装潢施工图的绘制

内容导读

公共娱乐场所是给人们提供休闲娱乐之地，让人们在闲暇时自我放松，舒缓心情。在对这类场所进行设计时，用户需要注意整体空间的把握。要既美观又实用，有明确的场所分区，每一个空间都需要协调统一，单个空间装修不能破坏整体的统一。本章将以一套 KTV 施工图纸为例，向用户介绍 KTV 空间的设计要领及绘图技巧。

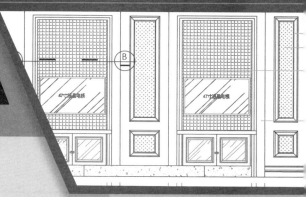

学习目标

>> 掌握 KTV 平面图的绘制

>> 掌握 KTV 立面图的绘制

>> 掌握绘制结构详图的绘制

11.1 KTV 娱乐空间设计原则

KTV 是现代人减压、减负的必选场所之一。在对 KTV 场所进行设计时，要以人为本，整体空间环境要让消费者感到舒适。设计师要依据周边环境来打造，尽量做到与周边环境相协调。而 KTV 的包厢设计是整个 KTV 场所设计的关键所在。下面将以包厢设计为主，介绍一下 KTV 的设计原则。

1. 做好隔音效果

KTV 隔音效果的好坏，是 KTV 设计中的一个重要指标。隔音处理不好，往往会带来很多后续麻烦，也会影响场所的运营。所以在做设计时，一定要使用吸音效果好的材质。例如对于门窗的隔音，尽量使用双重玻璃，并贴好橡胶密封条；对于各包房之间的墙体，尽量采用水泥灌注的空心砖；包厢墙面尽量选用吸音材料来设计等。

2. 包厢数量要合理

通常 KTV 包厢数量是有一定的比率的，小、中、大包厢的黄金设计比例是 48%、37%、15%，特大 VIP 包厢为 1~2 间。其中小包厢设计面积在 8~12 平方米；中包厢的面积在 15~18 平方米；大包厢面积在 24~30 平方米，而特大包厢需在 55 平方米以上。

3. 包厢家具摆放要合理

KTV 包厢中的麦克风、点歌器、液晶电视等视听设备的摆放空间需要重点考虑。还要根据包厢空间的大小，来考虑其视听设备的摆放空间。比如包厢音响设备大的话，其包厢空间就要大一些。

4. 包厢色调选择要和谐

KTV 设计中包厢的色彩是吸引消费者的一个手段，KTV 最好选择深褐色的色调。包厢内如果铺设地毯，用浅灰褐色为最佳，粉刷墙壁应以灰色、粉色为宜。KTV 的包厢设计也是一门艺术，色彩太多容易像"调色板"，色彩太单一又凸显不出其娱乐感和时尚感。

5. 包厢灯光设备很重要

包厢是整个 KTV 灯光设计中的关键点，因此很多 KTV 经营者都非常注重这一区域的灯光设计，它在设计的时候除了要满足基本照明使用之外，还要在色彩设计中能够体现时尚的气息。为此在考虑灯光时，可以采用多种方式，一种灯光用来照明，而另一种灯光则用来娱乐，如图 11-1 所示。

图 11-1

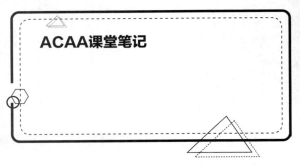

ACAA课堂笔记

11.2 绘制 KTV 平面图纸

室内平面图纸包括原始结构图、平面布置图、地面布置图以及顶面布置图等。下面分别对这些图纸的绘制方法及技巧进行介绍。

■ 11.2.1 绘制 KTV 原始结构图

下面利用所学知识绘制 KTV 原始结构图，其绘制步骤如下。

Step01 执行"图形界限"命令，设置左下角点"0.000,0.000"，右上角点"42000,29700"。

Step02 启动 AutoCAD 软件，打开"图层特性管理器"对话框，单击"新建图层"按钮，创建轴线图层，设置线型和颜色，如图 11-2 所示。

Step03 双击轴线图层设置为当前图层，执行"直线"命令，绘制轴线，执行"偏移"命令，偏移轴线，具体偏移尺寸如图 11-3 所示。

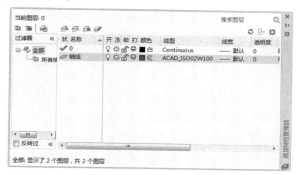

图 11-2

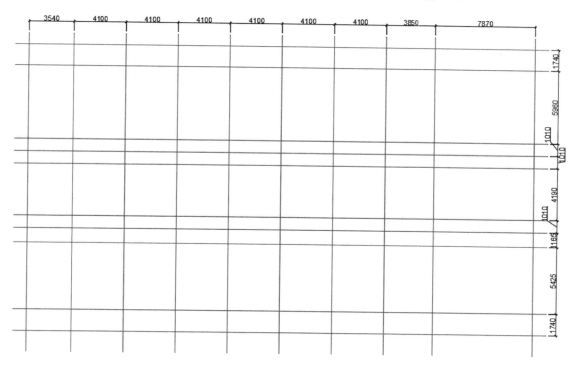

图 11-3

Step04 选择轴线，执行"格式"|"图层"命令，设置线型比例，这里将比例设为"80"，如图 11-4 所示。

Step05 打开"图层特性管理器"对话框，新建墙体图层，并将其设为当前层。按照同样的方法，新建其他图层，并设置其线型、颜色等特性，如图 11-5 所示。

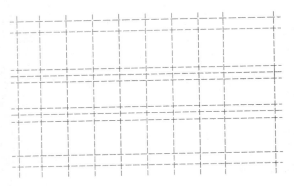

图 11-4

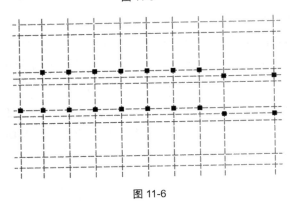

图 11-5

Step06 执行"矩形"命令，绘制长 600mm、宽 600mm 的矩形。执行"图案填充"命令，填充柱子。执行"复制"命令，捕捉轴线中心点，在横向和纵向间复制柱子，如图 11-6 所示。

Step07 执行"格式"|"多线样式"命令，打开"多线样式"对话框，单击"新建"按钮，设置"新样式名"为"WALL"，如图 11-7 所示。

Step08 单击"继续"按钮，在打开的"新建多线样式：WALL"对话框中，设置封口，勾选"起点"和"端点"复选框，单击"确定"按钮，如图 11-8 所示。

图 11-6

Step09 返回上一层对话框，继续单击"新建"按钮，设置"新样式名"为"WINDOW"，如图 11-9 所示。

图 11-7

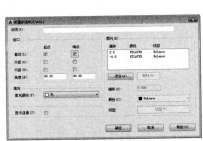

图 11-8

图 11-9

Step10 单击"继续"按钮，设置多线样式参数，在"图元"选项组下，设置偏移数值，如图 11-10 所示。

Step11 返回上一层对话框，选择"WALL"样式，单击"置为当前"按钮，将其样式设置为当前。执行"多线"命令，设置对正样式为"无"，比例为"240"，捕捉轴线依次绘制墙体，如图 11-11 所示。

图 11-10

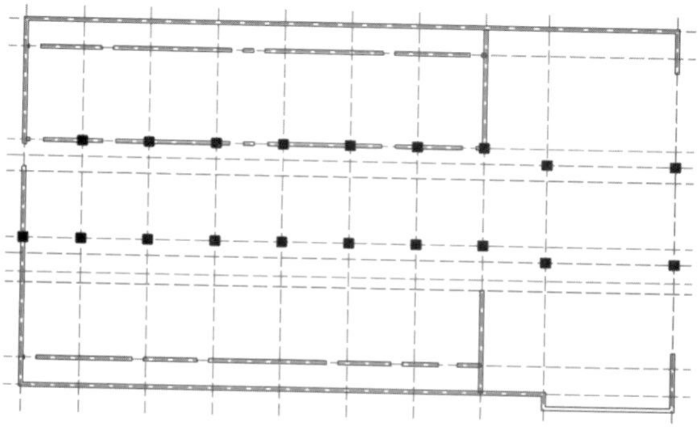

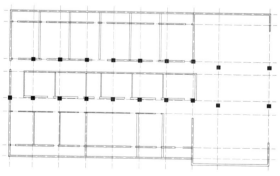

图 11-11

命令行提示如下：

命令：ML（输入多线快捷命令）
MLINE
当前设置：对正 = 上，比例 = 20.00，样式 = WALL
指定起点或 [对正 (J)/ 比例 (S)/ 样式 (ST)]：j（选择"对正"）
输入对正类型 [上 (T)/ 无 (Z)/ 下 (B)] < 上 >：Z（选择"无"）
当前设置：对正 = 无，比例 = 20.00，样式 = WALL
指定起点或 [对正 (J)/ 比例 (S)/ 样式 (ST)]：s（选择"比例"）
输入多线比例 <20.00>：240（设置比例）
当前设置：对正 = 无，比例 = 240.00，样式 = WALL
指定起点或 [对正 (J)/ 比例 (S)/ 样式 (ST)]：（捕捉轴线交点）
指定下一点：（捕捉下一点，直到结束）

Step12 执行"多线"命令，设置对正样式为"上"，比例为"240"，样式为"WALL"，绘制墙体，如图 11-12 所示。

Step13 执行"多线"命令，设置对正样式为"上"，比例为"120"，样式为"WALL"，绘制墙体，如图 11-13 所示。

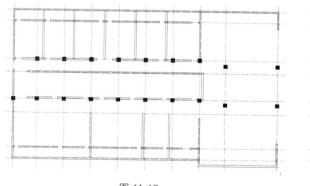

图 11-12

图 11-13

Step14 双击多线，打开多线编辑工具窗口，选择十字打开命令，修剪墙体，如图 11-14 所示。

Step15 双击多线，打开多线编辑工具窗口，选择 T 形打开命令，修剪墙体，如图 11-15 所示。

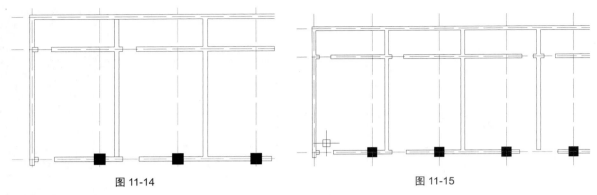

图 11-14   图 11-15

Step16 将"窗"图层设置为当前层。执行"多线"命令，设置对正样式为"无"，比例为"240"，样式为"WINDOWS"，绘制窗户，如图 11-16 所示。

Step17 将"门"图层设置为当前层。执行"矩形"和"圆弧"命令，分别绘制长 850mm、宽 40mm 和长 700mm、宽 40mm 的两个单扇门图形，并将门图形分别放置于相应的门洞中，如图 11-17 所示。

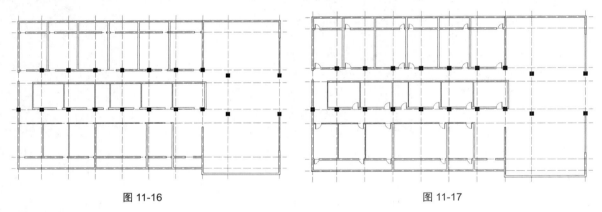

图 11-16   图 11-17

Step18 执行"格式"|"图层"命令，打开"图层特性管理器"对话框，选择"轴线"图层，关闭轴线图层，如图 11-18 所示。

Step19 单击"矩形""圆弧"命令，绘制单扇消防通道门和入口大门。执行"镜像"命令，镜像复制大门，如图 11-19 所示。

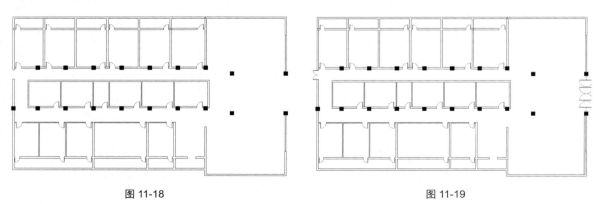

图 11-18   图 11-19

Step20 执行"格式"|"标注样式"命令，打开"标注样式管理器"对话框，单击"新建"按钮，新

建样式"DAN-120"，如图 11-20 所示。

Step21 设置"线"参数，更改"尺寸线"和"尺寸界线"颜色为"灰色"，"超出尺寸线"为"100"，"起点偏移量"为"100"，勾选"固定长度的尺寸界线"复选框，长度为"600"，其他参数默认，如图 11-21 所示。

Step22 设置"符号和箭头"参数，选择第一、第二个为"建筑标记"，"箭头大小"为"50"，如图 11-22 所示。

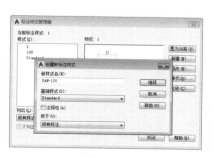

图 11-20

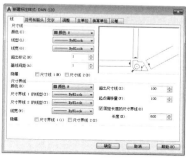

图 11-21

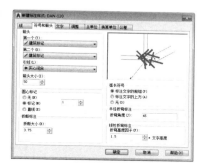

图 11-22

Step23 设置"文字"参数，设置"文字颜色"为"红"、文字高度为"200"、文字"从尺寸线偏移"为"100"，其他参数默认，如图 11-23 所示。

Step24 设置"调整"参数，"文字位置"设置为始终保持在尺寸界线之间，如图 11-24 所示。

Step25 设置"主单位"参数，设置"精度"为"0"，其他参数默认，如图 11-25 所示。

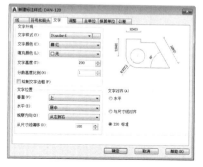

图 11-23

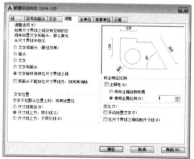

图 11-24

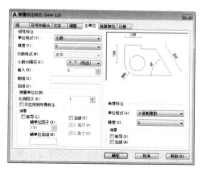

图 11-25

ACAA课堂笔记

Step26 单击"确定"按钮,返回上一层对话框,将新建的标注样式设置为当前样式。将"标注"图层设置为当前层。

Step27 执行"线性"和"连续"标注命令,对结构图进行尺寸标注,如图 11-26 所示。

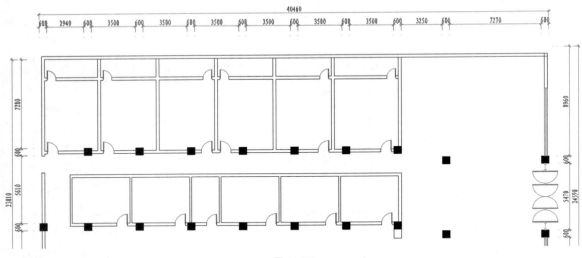

图 11-26

Step28 执行"多段线""直线"命令绘制图例符号,执行"多行文字"命令,标注图例文字,如图 11-27 所示。至此,KTV 原始结构图绘制完成。

原始结构图
PLAN 1:120

图 11-27

■ 11.2.2 绘制包厢平面布置图

平面布置图是在原始结构图的基础上进行设置制作的,其具体绘制步骤如下。

Step01 打开"复制"命令,复制 KTV 原始结构图,执行"修剪"命令,修剪包厢墙体,如图 11-28 所示。

Step02 执行"图层特性管理器"对话框,将"家具"图层设置为当前层。

Step03 执行"直线""偏移"命令,绘制沙发靠背直线,执行"修剪"命令,修剪直线,如图 11-29 所示。

Step04 执行"倒角"命令,设置倒角"距离 1"为 900mm,倒角"距离 2"为 900mm,如图 11-30 所示。

Step05 执行"圆角"命令,设置圆角半径为 100mm,修剪沙发圆角,如图 11-31 所示。

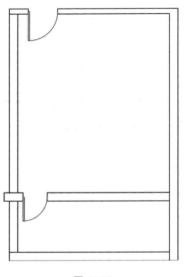

图 11-28

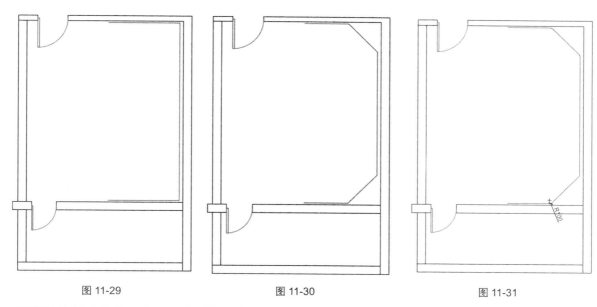

<table>
<tr><td>图 11-29</td><td>图 11-30</td><td>图 11-31</td></tr>
</table>

Step06 执行"偏移"命令，分别将沙发直线向内偏移 150mm、650mm，绘制沙发靠背和底座，如图 11-32 所示。

Step07 执行"直线"命令，连接直线，绘制沙发平面效果，如图 11-33 所示。

Step08 执行"圆角"命令，设置圆角半径为 100mm，修剪沙发坐垫圆角，如图 11-34 所示。

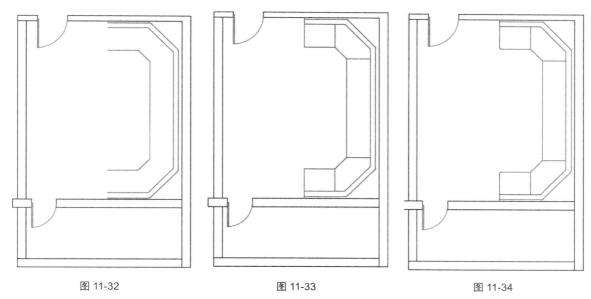

<table>
<tr><td>图 11-32</td><td>图 11-33</td><td>图 11-34</td></tr>
</table>

Step09 执行"矩形"命令，设置长 800mm、宽 1200mm 的矩形，作为茶几，如图 11-35 所示。

Step10 执行"倒角"命令，设置倒角"距离 1"为 200mm，倒角"距离 2"为 200mm，修剪茶几倒角，如图 11-36 所示。

Step11 执行"偏移"命令，设置偏移距离为 40mm，偏移矩形，执行"格式"|"图层"命令，修改线型颜色，如图 11-37 所示。

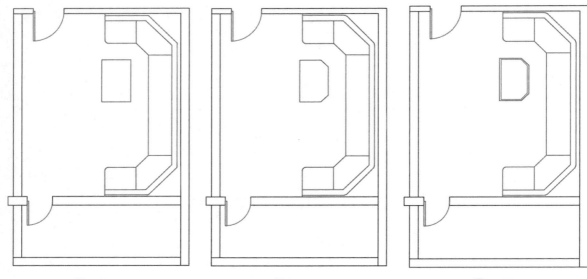

图 11-35   图 11-36   图 11-37

Step12 执行"圆角"命令，设置圆角半径为 60mm，修剪茶几边角，如图 11-38 所示。

Step13 执行"矩形"命令，设置矩形尺寸为 400×400mm，绘制坐凳，如图 11-39 所示。

Step14 执行"偏移"命令，设置偏移距离为"40"，将矩形向内偏移，执行"特性匹配"命令，修改线型颜色，如图 11-40 所示。

 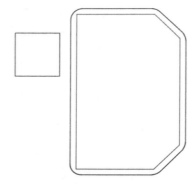 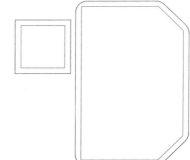

图 11-38   图 11-39   图 11-40

Step15 执行"圆角"命令，设置圆角半径为 60mm，再输入多段线"P"，选择矩形进行圆角操作，如图 11-41 所示

Step16 执行"复制"命令，选择坐凳，向下复制坐凳，如图 11-42 所示。

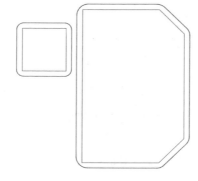 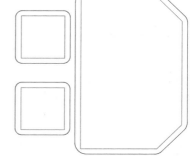

图 11-41   图 11-42

Step17 执行"复制"命令，选择坐凳、茶几，向下复制，如图 11-43 所示。

Step18 执行"直线"命令绘制长 2000mm、宽 1100mm 的地台，如图 11-44 所示。

Step19 执行"倒角"命令，将 2 个倒角距离都设置为 500mm，将地台进行倒角操作，如图 11-45 所示。

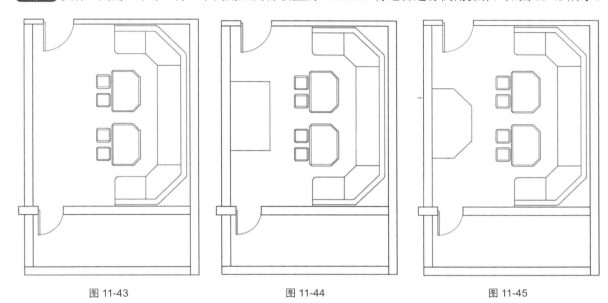

图 11-43   图 11-44   图 11-45

Step20 执行"偏移"命令，将地台边线向内进行偏移，如图 11-46 所示。

Step21 执行"直线"命令，开启"极轴追踪"功能，捕捉倒角中心点，沿 135°追踪线绘制长 140mm 的直线，如图 11-47 所示。

Step22 执行"直线"命令，绘制 2 条相互垂直的直线，如图 11-48 所示。

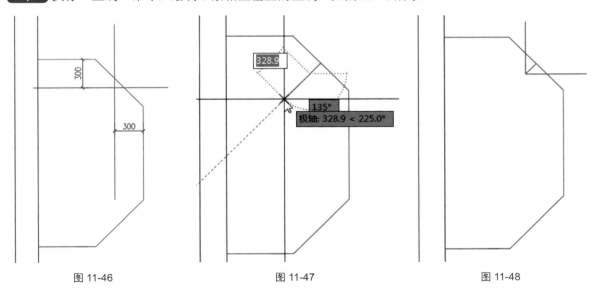

图 11-46   图 11-47   图 11-48

Step23 执行"修剪"命令，将地台进行修剪，并删除多余的线段，如图 11-49 所示。

Step24 执行"镜像"命令，镜像复制地台造型，执行"修剪"命令，修剪直线，如图 11-50 所示。

Step25 执行"偏移"命令，绘制灯带，设置偏移距离为 20mm，将直线向内偏移。执行"修剪"命令，修剪直线，如图 11-51 所示。

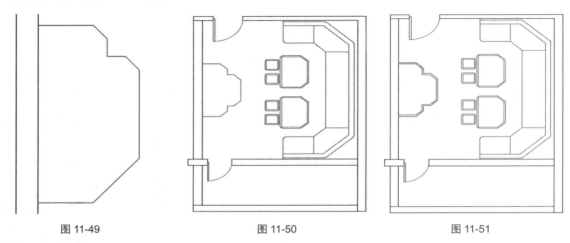

图 11-49   图 11-50   图 11-51

Step26 执行"格式"|"图层"命令，更改线型颜色为 8 号色，设置线型为"ACADISO02W100"，如图 11-52 所示。

Step27 执行"矩形"和"复制"命令，绘制电视背景墙厚度，执行"直线"命令，连接矩形，如图 11-53 所示。

Step28 执行"直线""偏移"命令，绘制背景柜子平面造型，执行"修剪"命令，修剪直线，如图 11-54 所示。

Step29 执行"倒角"命令，设置倒角"距离 1"为 50mm，倒角"距离 2"为 50mm，修剪造型，如图 11-55 所示。

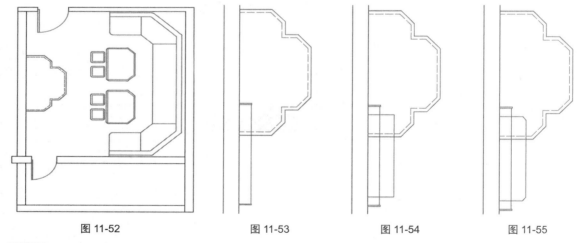

图 11-52   图 11-53   图 11-54   图 11-55

Step30 执行"修剪"命令，选择剪切边，修剪背景造型，如图 11-56 所示。

Step31 导入电视机图块。执行"旋转"和"移动"命令，调整电视机位置，如图 11-57 所示。

Step32 执行"镜像"命令，选择电视机和电视机背景造型，以地台中心点为镜像点，镜像复制造型，再执行"修剪"命令，修剪图形，如图 11-58 所示。

AutoCAD 2020 室内设计课堂实录

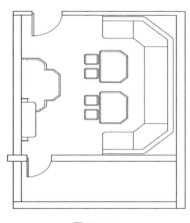

图 11-56

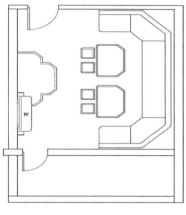

图 11-57

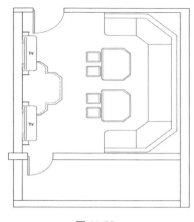

图 11-58

Step33 导入装饰植物图块，如图 11-59 所示。

Step34 执行"偏移"命令，偏移直线，绘制卫生间墙体，如图 11-60 所示。

Step35 导入马桶图块，再调整马桶位置，放置到图形中合适位置，如图 11-61 所示。

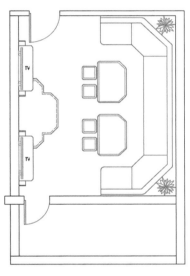

图 11-59

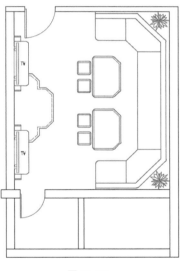

图 11-60

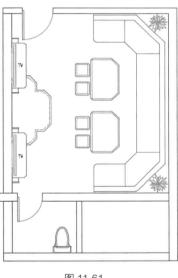

图 11-61

▲ **ACAA课堂笔记**

Step36 执行"矩形"命令，绘制洗手台。导入洗手台图块，执行"旋转"和"移动"命令，调整洗手台位置，如图 11-62 所示。

Step37 执行"多行文字"命令，绘制空间名称，执行"复制"命令，复制文字，双击文字，更改文字内容。执行"标注""连续"命令，对平面图进行标注，如图 11-63 所示。

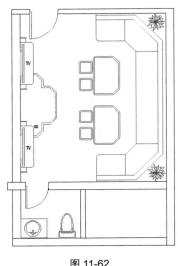

图 11-62

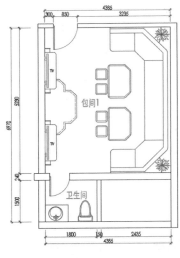

图 11-63

11.2.3　绘制 KTV 包间地面布置图

地面布置图是根据平面图纸中家具摆设位置进行设计绘制，其具体绘制步骤如下。

Step01 执行"复制"命令，复制一份 KTV 包间平面布置图，如图 11-64 所示。

Step02 执行"删除"命令，删除文字及部分家具图形，保留电视柜，并延伸图形，如图 11-65 所示。

Step03 执行"矩形"命令，设置矩形尺寸为 1440mm×2640mm，绘制地面矩形拼花造型，执行"移动"命令，移动到相应位置，如图 11-66 所示。

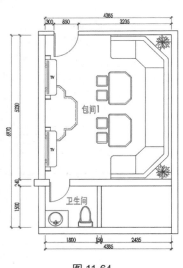

图 11-64

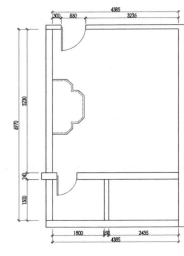

图 11-65

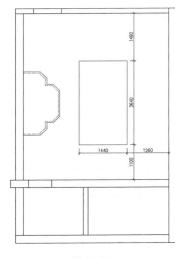

图 11-66

Step04 执行"偏移"命令，设置偏移距离为 150mm，向外偏移矩形，绘制大理石走边，如图 11-67 所示。

Step05 执行"矩形"命令，绘制尺寸为 400mm×400mm 的矩形，执行"直线"命令，连接对角点绘制地砖拼花，如图 11-68 所示。

Step06 执行"图案填充"命令，填充地砖拼花，拾取填充范围，选择填充图案类型"预定义"，设置填充图案为"AR-CONC"、填充比例为"1"，如图 11-69 所示。

Step07 执行"复制"命令，指定基点，依次复制拼花图案，如图 11-70 所示。

Step08 执行"图案填充"命令，填充大理石走边，拾取填充范围，选择填充图案类型为"预定义"，设置填充图案为"AR-CONC"、填充比例为"1"，如图 11-71 所示。

Step09 执行"图案填充"命令，填充大理石地台，拾取填充范围，选择填充图案类型为"预定义"，设置填充图案为"AR-SAND"，填充比例为"2"，如图 11-72 所示。

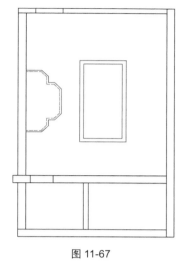

图 11-67

图 11-68

图 11-69

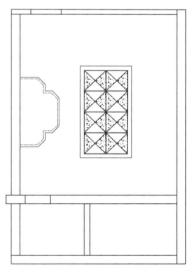

图 11-70

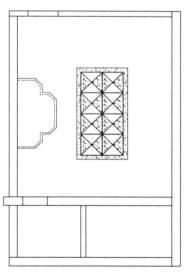

图 11-71

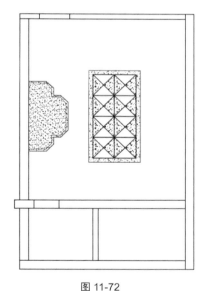

图 11-72

第11章

KTV 装潢施工图的绘制

Step10 执行"图案填充"命令，填充包间地面地砖，拾取填充范围，选择填充图案类型为"用户定义"，选择"双向"，设置填充间距为"600"，如图 11-73 所示。

Step11 双击图案填充，单击设定原点，制定图形左上角点为基点，修改填充图案，如图 11-74 所示。

Step12 执行"图案填充"命令，填充卫生间地面地砖，拾取填充范围，选择填充图案类型为"用户定义"，选择"双向"，设置填充间距为"300"，如图 11-75 所示。

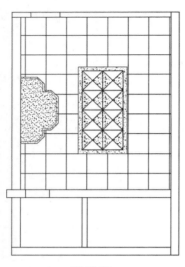
图 11-73

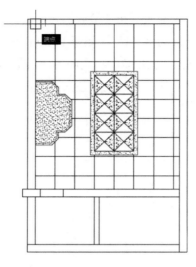
图 11-74

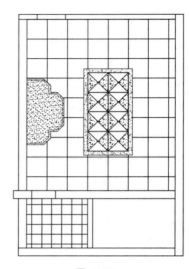
图 11-75

Step13 执行"图案填充"命令，填充过门石，拾取填充范围，选择填充图案类型为"预定义"，设置填充图案为"AR-CONC"、填充比例为"1"，如图 11-76 所示。

Step14 执行"LE"引线命令，绘制引线，执行"多行文字"命令，绘制地面材料说明，如图 11-77 所示。

Step15 执行"复制"命令，依次向下复制引线说明，双击文字更改文字内容，如图 11-78 所示。

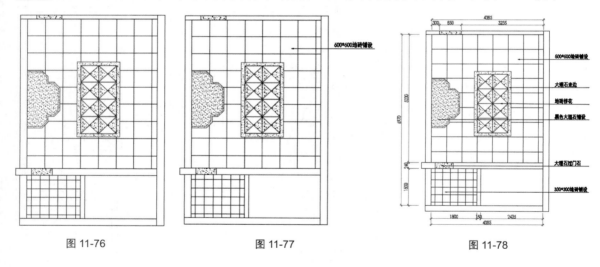

图 11-76 　　　　　　　　　　　　　图 11-77 　　　　　　　　　　　　　图 11-78

■ 11.2.4　绘制 KTV 包间顶面布置图

下面利用所学习的 AutoCAD 知识绘制石膏线、镜子、灯具等图形，其具体绘制步骤如下：

Step01 执行"复制"命令，复制一份包间平面布置图，如图 11-79 所示。

Step02 删除家具图块和文字内容，如图 11-80 所示。

Step03 执行"矩形"命令，捕捉顶面对角点，绘制矩形。执行"偏移"命令，将矩形向内偏移 400mm，如图 11-81 所示。

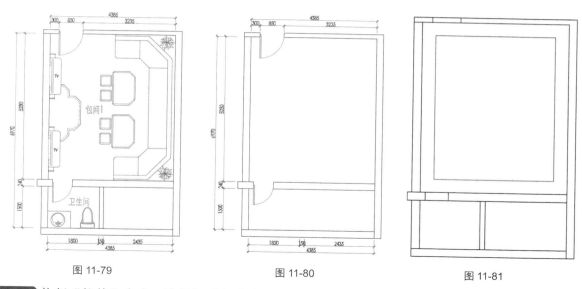

图 11-79　　　　　　　　　　　图 11-80　　　　　　　　　　　图 11-81

Step04 执行"拉伸"命令，选择矩形左边线中点，设置拉伸距离为400mm，将边线向右拉伸，如图 11-82 所示。

Step05 执行"偏移"命令，设置偏移距离为60mm，将矩形向外偏移，绘制灯带，如图 11-83 所示。

Step06 执行"格式"|"图层"命令，设置灯带颜色为玫红色，设置线型为"ACADISO03W100"，如图 11-84 所示。

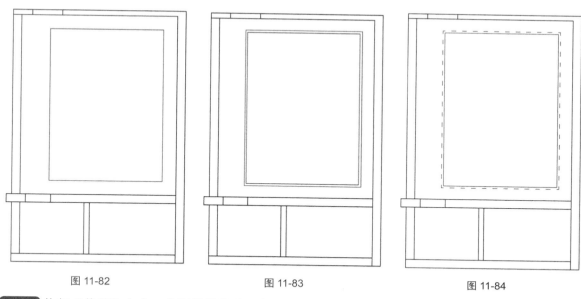

图 11-82　　　　　　　　　　　图 11-83　　　　　　　　　　　图 11-84

Step07 执行"偏移"命令，分别设置偏移距离分别为30mm、50mm，依次向内偏移矩形绘制石膏线条，如图 11-85 所示。

Step08 执行"直线"命令，连接矩形中心点绘制直线，继续执行"直线"命令，连接对角点，如图 11-86 所示。

Step09 执行"格式"|"点样式"命令，打开"点样式"对话框，更改顶点样式，如图 11-87 所示。

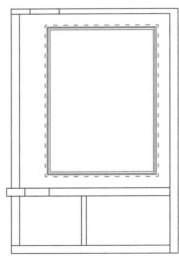
图 11-85

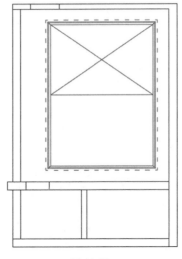
图 11-86

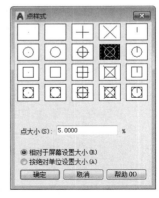
图 11-87

Step10 执行"定数等分"命令，选择直线，将等分数量设置为 8 等分直线，如图 11-88 所示。

Step11 执行"复制"命令，捕捉等分点，依次复制直线，如图 11-89 所示。

Step12 执行"镜像"命令，以直线中心点为镜像点，镜像复制直线，如图 11-90 所示。

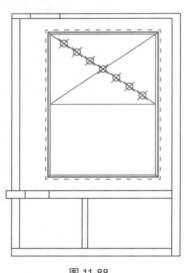

图 11-88

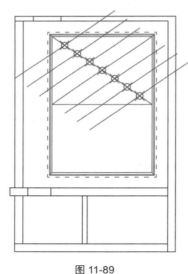
图 11-89

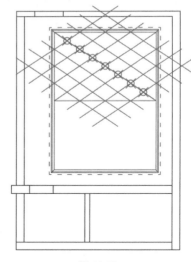
图 11-90

ACAA课堂笔记

Step13 执行"修剪"命令，选择剪切边，修剪直线，如图 11-91 所示。

Step14 执行"镜像"命令，以矩形中心点为镜像点，镜像复制直线造型，如图 11-92 所示。

Step15 执行"图案填充"命令，选择填充区域，设置填充图案为"AR-RROOFF"、填充比例为"10"，如图 11-93 所示。

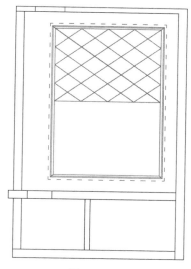

图 11-91

图 11-92

图 11-93

Step16 执行"圆"命令，绘制半径为 50mm 的圆形筒灯，执行"偏移"命令，将圆形向内偏移 10mm，执行"特性匹配"命令，设置筒灯颜色，如图 11-94 所示。

Step17 执行"直线"命令，绘制直线并进行旋转复制，如图 11-95 所示。

Step18 执行"圆""偏移"命令，绘制主灯，执行"特性匹配"命令，设置圆形颜色，如图 11-96 所示。

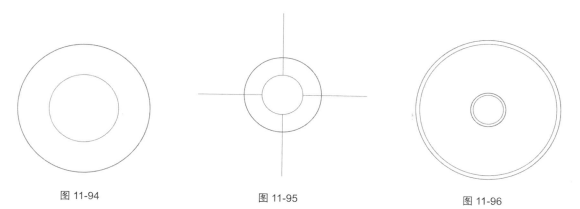

图 11-94

图 11-95

图 11-96

Step19 执行"直线"命令，绘制主灯符号，执行"旋转"命令，旋转直线，如图 11-97 所示。

Step20 执行"圆""偏移"命令，绘制灯具，执行"直线"命令，绘制灯具符号，如图 11-98 所示。

Step21 执行"环形阵列"命令，选择灯具，以主灯圆心为阵列中心点，设置项目总数为"8"、填充角度为"360"，进行阵列复制，如图 11-99 所示。

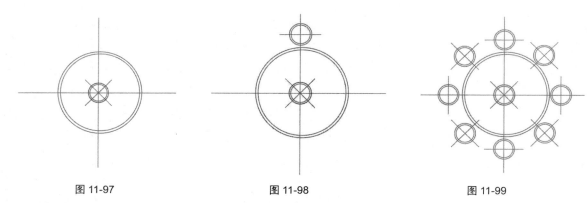

图 11-97   图 11-98   图 11-99

Step22 按指定距离复制筒灯，再执行"镜像"命令，镜像复制筒灯，如图 11-100 所示。

Step23 执行"复制"命令，指定主灯中心点，复制主灯，如图 11-101 所示。

Step24 执行"圆""偏移"命令，绘制吸顶灯，执行"直线"命令，绘制吸顶灯，如图 11-102 所示。

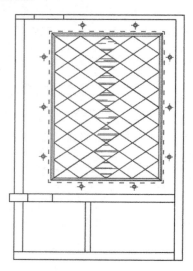      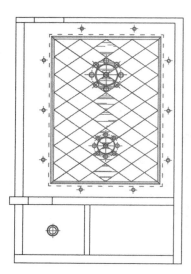

图 11-100   图 11-101   图 11-102

Step25 执行"直线""图案填充"命令，绘制标高符号，执行"多行文字"命令，标注标高文字，如图 11-103 所示。

Step26 执行"复制"命令，复制标高符号和文字，双击文字更改文字内容，如图 11-104 所示。

Step27 执行"LE"引线命令，绘制引线，执行"多行文字"命令，绘制顶面吊顶文字说明，执行"复制"命令，复制文字并双击文字更改文字内容，如图 11-105 所示。

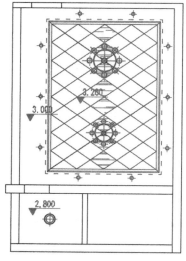

2.800

图 11-103   图 11-104

AutoCAD 2020 室内设计课堂实录

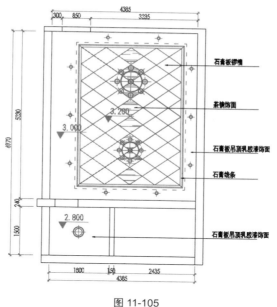

图 11-105

11.3 绘制 KTV 包厢立面图纸

下面介绍 KTV 包厢中主要的两个立面图的绘制过程。通过立面图形的绘制，使读者了解墙面造型的施工工艺以及造型设计技巧。

■ 11.3.1 绘制 KTV 包间 D 立面图

在 KTV 包间 D 立面图中包括墙体造型以及石膏线、灯具符号的绘制，其具体绘制步骤如下。

Step01 执行"复制"命令，复制包厢背景墙平面布置图，执行"旋转""修剪"命令，修剪图形，如图 11-106 所示。

Step02 执行"直线"命令，根据平面布置图绘制立面外框，执行"偏移""修剪"命令，修剪立面直线，如图 11-107 所示。

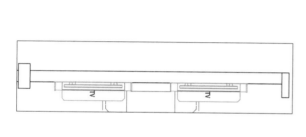

图 11-106

图 11-107

Step03 执行"图案填充"命令，填充墙体，拾取填充范围，选择填充图案类型为"预定义"，设置填充图案为"ANSI31"、填充比例为"10"，如图 11-108 所示。

Step04 执行"直线""偏移"命令，绘制顶面剖面造型，执行"修剪"命令，修剪直线，如图 11-109 所示。

图 11-108

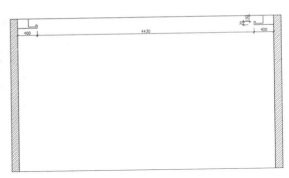

图 11-109

Step05 执行"直线"命令，绘制石膏线剖面，执行"圆弧"命令，绘制石膏线剖面造型，如图 11-110 所示。

Step06 执行"图案填充"命令，填充石膏线，选择填充图案类型为"预定义"，设置填充图案为"ANSI31"、填充角度为"90°"、填充比例为"1"，如图 11-111 所示。

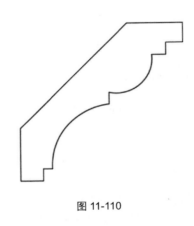

图 11-110

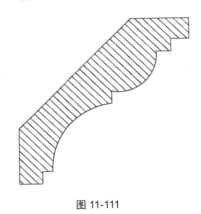

图 11-111

Step07 执行"移动"命令，将石膏线条移动到相应位置，执行"镜像"命令，镜像复制石膏线条，如图 11-112 所示。

Step08 执行"直线"命令，连接石膏线条绘制直线，如图 11-113 所示。

图 11-112

图 11-113

Step09 执行"圆"命令，绘制灯带剖面，执行"直线"命令，绘制灯具符号，如图 11-114 所示。

AutoCAD 2020 室内设计课堂实录

Step10 执行"矩形"命令,绘制灯具底座,执行"直线"命令,连接灯管,如图 11-115 所示。

Step11 执行"移动"命令,将灯带移动至吊顶位置,执行"镜像"命令,复制灯带,如 11-116 所示。

Step12 执行"偏移"命令,将左右两边墙线分别向内偏移 515mm、1600mm,执行"修剪"命令,修剪直线,如图 11-117 所示。

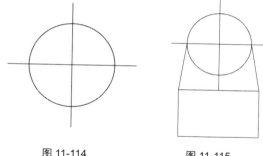

图 11-114　　　　　图 11-115

图 11-116

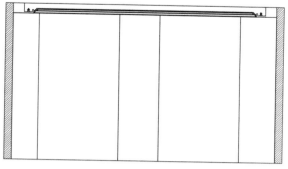

图 11-117

Step13 执行"多段线"命令,捕捉直线绘制多段线,执行"偏移"命令,依次向内偏移直线,最后执行"拉伸"命令,选择上方直线向下拉伸,如图 11-118 所示。

Step14 执行"矩形"命令,绘制装饰柜台面,执行"修剪"命令,修剪直线,如图 11-119 所示。

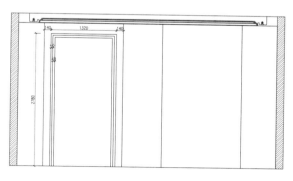

图 11-118

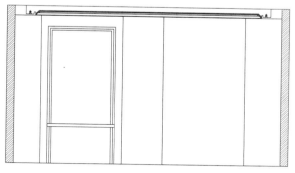

图 11-119

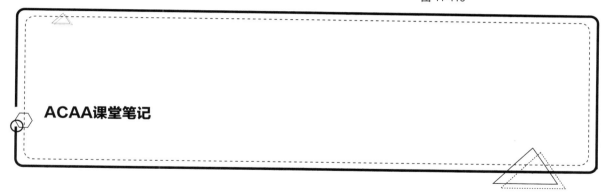

ACAA课堂笔记

Step15 执行"偏移"命令，绘制装饰柜立面，执行"修剪"命令，修剪直线，如图 11-120 所示。

Step16 执行"矩形"命令，捕捉柜体绘制矩形，执行"偏移"命令，偏移矩形绘制柜体装饰线条，执行"特性匹配"命令，修改线型颜色，如图 11-121 所示。

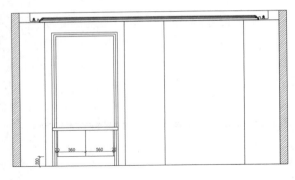
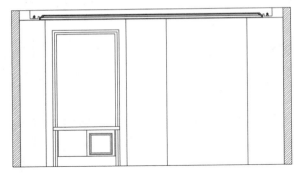

图 11-120　　　　　　　　　　　　　　图 11-121

Step17 执行"图案填充"命令，填充柜门，选择填充图案为"AR-RROOFF"，设置填充角度"45°"、填充比例为"10"，如图 11-122 所示。

Step18 执行"镜像"命令，以柜体中心点为镜像点，镜像复制柜门，如图 11-123 所示。

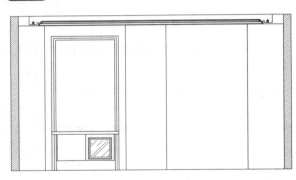

图 11-122　　　　　　　　　　　　　　图 11-123

Step19 执行"圆""偏移"命令，绘制柜门把手，执行"镜像"命令，镜像复制门把手，如图 11-124 所示。

Step20 插入电视机图块至立面图合适位置，如图 11-125 所示。

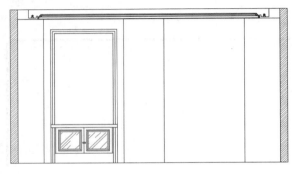

图 11-124　　　　　　　　　　　　　　图 11-125

Step21 执行"图案填充"命令，填充背景墙，选择填充图案为"ANGLE"，设置填充比例为"8"，如图 11-126 所示。

Step22 执行"复制"命令，选择背景墙造型，指定左下角点为基点，向右复制背景墙造型，如图 11-127 所示。

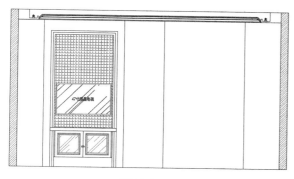

图 11-126

图 11-127

Step23 执行"直线""偏移"命令，绘制地台，执行"修剪"命令，修剪直线，如图 11-128 所示。

Step24 执行"图案填充"命令，填充背景墙，选择填充图案为"AR-CONC"，设置填充比例为"1"，填充大理石，如图 11-129 所示。

图 11-128

图 11-129

Step25 执行"直线""偏移"命令，绘制辅助线，执行"矩形"命令，绘制线条造型，执行"删除"命令，删除辅助直线，如图 11-130 所示。

Step26 执行"偏移"命令，分别将矩形向内偏移20mm、50mm、20mm，绘制线条造型，如图 11-131 所示。

图 11-130

图 11-131

Step27 执行"复制"命令，复制线条，执行"拉伸"命令，选中线条上部分，向上拉伸直线，如图 11-132 所示。

Step28 执行"复制"命令，复制线条，执行"拉伸"命令，调整线条大小，如图 11-133 所示。

图 11-132

图 11-133

Step29 执行"偏移"命令，向上偏移直线绘制踢脚线，执行"修剪"命令，修剪直线，如图 11-134 所示。

Step30 执行"图案填充"命令，填充背景墙，选择填充图案为"CROSS"，设置填充比例为"5"，如图 11-135 所示。

图 11-134

图 11-135

Step31 执行"标注样式"命令，新建样式"元筑 30"，设置"线"参数，勾选"固定长度的尺寸界线"复选框，长度为"6"，其他参数默认，如图 11-136 所示。

Step32 设置"符号和箭头"参数，选择第一、第二个为"建筑标记"，箭头大小为"1.5"，其他参数默认，如图 11-137 所示。

图 11-136

图 11-137

Step33 设置"文字"参数，设置文字颜色，文字高度为"2"，其他参数默认，如图 11-138 所示。

Step34 设置"调整"参数，使用全局比例为"30"，其他参数默认，文字位置设置为"文字始终保持在尺寸界线之间"，如图 11-139 所示。

Step35 执行"线性""连续"命令，标注立面尺寸，如图 11-140 所示。

Step36 执行"LE"引线命令，绘制材料说明，执行"复制"命令，依次向下复制引线说明，双击文字更改文字内容，如图 11-141 所示。

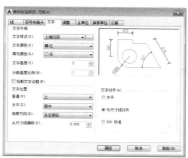

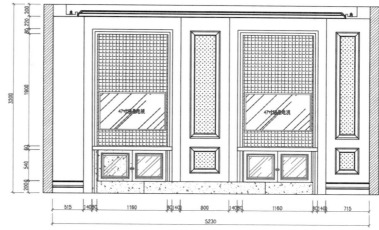

图 11-138　　　　　　　图 11-139

图 11-140

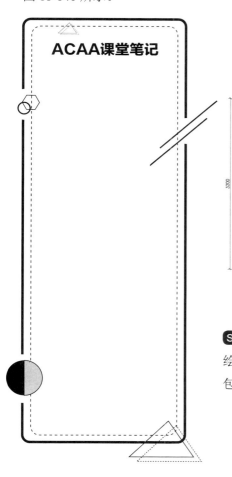

ACAA课堂笔记

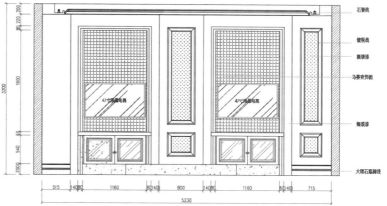

图 11-141

Step37 执行"多段线"命令，绘制直线，执行"多行文字"命令，绘制文字说明，执行"移动"命令，将图例说明移动到立面图中，包厢 D 立面图绘制完毕，如图 11-142 所示。

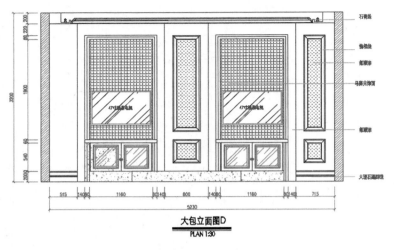

图 11-142

11.3.2 绘制 KTV 包间 B 立面图

本节中将介绍 KTV 包间 B 立面图的绘制，主要包括背景墙造型以及沙发图形的绘制等，其具体绘制步骤如下。

Step01 执行 "复制" 命令，复制 D 立面图，删除内部造型，保留立面轮廓和顶面，如图 11-143 所示。

Step02 执行 "偏移" 命令，设置偏移距离为 800mm，向上偏移直线，绘制造型分界线，如图 11-144 所示。

图 11-143

图 11-144

Step03 执行 "矩形" 命令，绘制矩形造型，执行 "镜像" 命令，绘制对称矩形，如图 11-145 所示。

Step04 执行 "偏移" 命令，分别将矩形向内依次偏移 30mm、50mm，绘制线条，如图 11-146 所示。

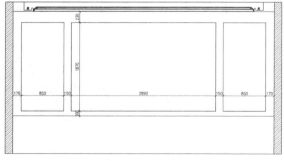

图 11-145

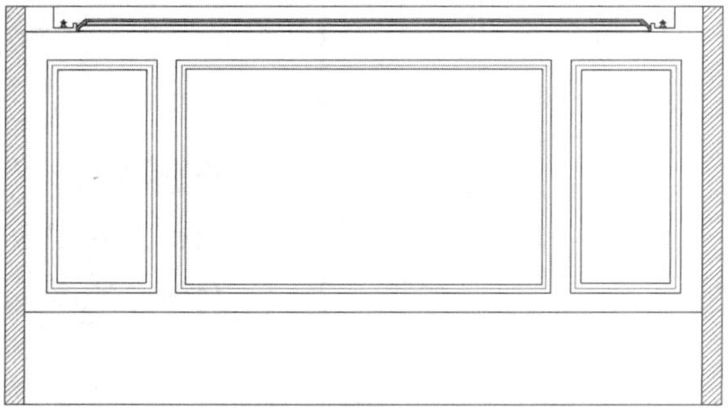

图 11-146

Step05 继续执行 "偏移" 命令，将直线向内分别偏移 100mm、10mm、20mm、10mm，绘制线条，如图 11-147 所示。

Step06 执行"插入"|"块"命令，导入壁灯图块，并进行复制操作，如图 11-148 所示。

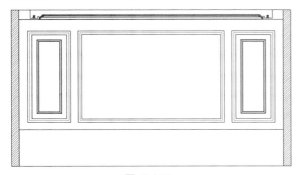

图 11-147

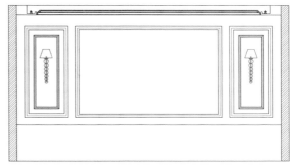

图 11-148

Step07 执行"图案填充"命令，填充背景墙，选择填充图案为"CROSS"，设置填充比例为"5"，如图 11-149 所示。

Step08 执行"图案填充"命令，填充背景墙，选择填充图案为"AR-CONC"，设置填充比例为"1"，填充大理石，如图 11-150 所示。

图 11-149

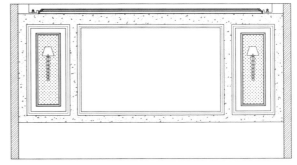

图 11-150

Step09 执行"直线"命令，绘制辅助线，执行"多段线"命令，绘制菱形造型，执行"复制"命令，复制造型，执行"删除"命令，删除辅助线，如图 11-151 所示。

Step10 执行"偏移"命令，向内偏移菱形直线，执行"直线"命令，连接菱形角点，如图 11-152 所示。

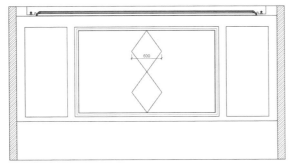

图 11-151

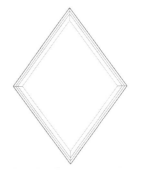

图 11-152

Step11 执行"复制"命令，执行菱形下方角点为基点，向下复制菱形造型，如图 11-153 所示。

Step12 执行"复制"命令，水平方向复制菱形造型，执行"修剪"命令，修剪造型，如图 11-154 所示。

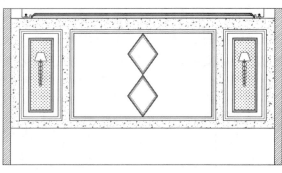

图 11-153

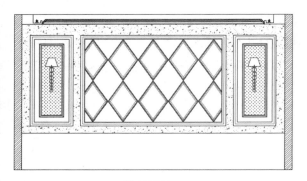

图 11-154

图 11-155

Step13 继续执行"复制"命令，复制菱形造型，执行"修剪"命令，修剪造型，如图 11-155 所示。

Step14 执行"直线""偏移"命令，绘制沙发底座和靠背，执行"修剪"命令，修剪靠背，如图 11-156 所示。

Step15 执行"直线""偏移"命令，绘制沙发坐垫，执行"修剪"命令，修剪直线，如图 11-157 所示。

Step16 执行"圆角"命令，设置圆角半径为 20mm，修剪沙发坐垫圆角边，如图 11-158 所示。

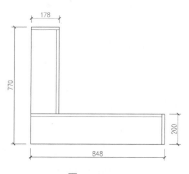

图 11-156

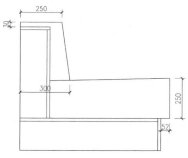

图 11-157

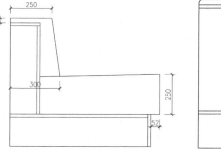

图 11-158

Step17 执行"图案填充"命令，填充沙发靠背，选择填充图案为"NET"，设置填充比例为"10"、填充角度为"45°"，如图 11-159 所示。

Step18 执行"图案填充"命令，填充沙发底座，选择填充图案为"ANSI31"，设置填充比例为"5"、填充角度为"90°"，如图 11-160 所示。

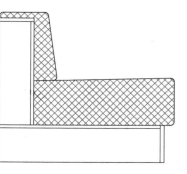

图 11-159

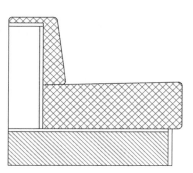

图 11-160

Step19 执行"镜像"命令，以造型中心点为镜像中心，镜像复制沙发侧面，如图 11-161 所示。

Step20 执行"直线"命令，连接沙发侧面，绘制沙发立面效果，如图 11-162 所示。

图 11-161

图 11-162

Step21 执行"线性""连续"命令，标注立面尺寸，如图 11-163 所示。

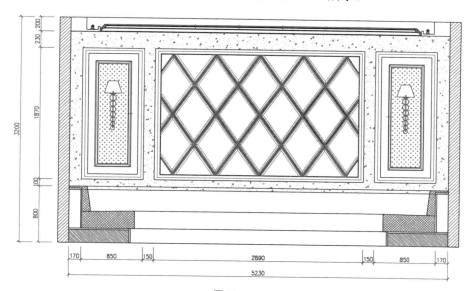

图 11-163

△ ACAA课堂笔记

Step22 执行"LE"引线命令,绘制引线标注,执行"复制"命令,依次向下复制引线说明,双击文字更改文字内容,如图 11-164 所示。

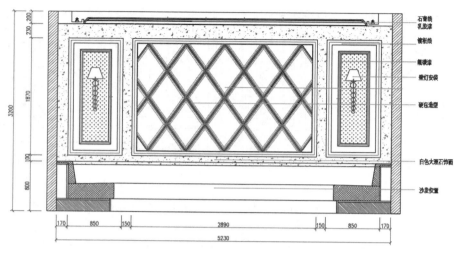

图 11-164

Step23 执行"复制"命令,复制图例说明,双击文字更改文字内容,包厢 B 立面图绘制完毕,如图 11-165 所示。

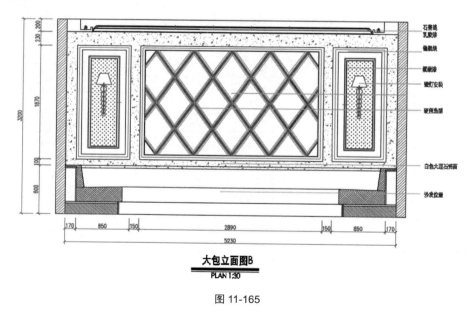

大包立面图B
PLAN 1:30

图 11-165

11.4 绘制结构详图

结构详图是指对平面布置图、立面图等图样未表达清楚的部分进一步放大比例绘制出更详细的图样,使施工人员在施工时可以清楚地了解每一个细节,做到准确无误。

■ 11.4.1 绘制包间 D 地台剖面图

下面介绍包间 D 地台剖面图的绘制，其具体绘制步骤如下。

Step01 执行"圆"命令，绘制剖切符号，执行"多段线"命令，设置线宽为"10"，绘制剖切直线，如图 11-166 所示。

Step02 执行"多行文字"命令，绘制文字说明，执行"多段线"命令，设置线宽为"10"，绘制剖切符号，如图 11-167 所示。

Step03 执行"移动"命令，选择剖切符号，将符号移动至如图 11-168 所示位置。

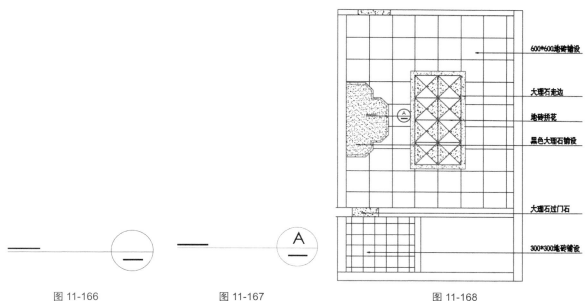

图 11-166   图 11-167   图 11-168

Step04 执行"直线""偏移"命令，绘制墙体剖面，执行"倒角"命令，修剪直角，如图 11-169 所示。

Step05 执行"图案填充"命令，拾取填充范围，选择填充图案为"ANSI31"，设置填充比例为"10"，填充墙体剖面，如图 11-170 所示。

Step06 执行"图案填充"命令，拾取填充范围，选择填充图案为"AR-CONC"，设置填充比例为"1"，如图 11-171 所示。

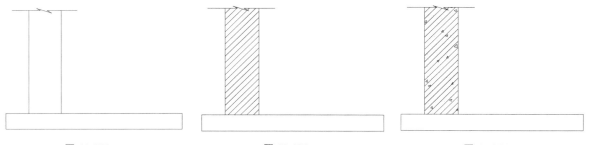

图 11-169   图 11-170   图 11-171

Step07 执行"图案填充"命令，填充原地面，选择填充图案为"AR-HBONE"，设置填充比例为"1"，如图 11-172 所示。

Step08 执行"直线""偏移"命令，绘制地台剖面，执行"修剪"命令，修剪剖面造型，如图 11-173 所示。

Step09 执行"偏移"命令，偏移地台理石厚度，执行"修剪"命令，修剪直线，如图 11-174 所示。

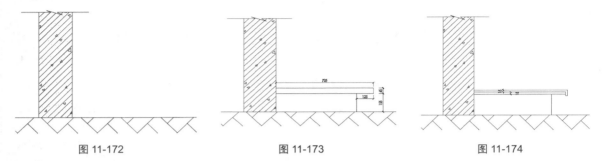

图 11-172   图 11-173   图 11-174

Step10 执行"圆角"命令，设置圆角半径为 8mm，修剪理石圆角，如图 11-175 所示。

Step11 执行"图案填充"命令，拾取填充范围，选择填充图案为"ANSI31"，设置填充比例为"10"，填充木工板基层，如图 11-176 所示。

Step12 执行"图案填充"命令，拾取填充范围，选择填充图案为"AR-CONC"，设置填充比例为"1"，填充理石剖面，如图 11-177 所示。

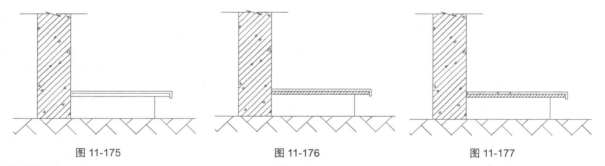

图 11-175   图 11-176   图 11-177

Step13 执行"图案填充"命令，拾取填充范围，选择填充图案为"ANSI37"，设置填充比例为"10"，填充地台，如图 11-178 所示。

Step14 执行"矩形""圆"命令，灯带剖面，执行"移动"命令，将灯带移动至如图 11-179 所示位置。

Step15 执行"偏移"命令，设置偏移距离为 15mm，偏移理石厚度和粘贴层，执行"修剪"命令，修剪直线，如图 11-180 所示。

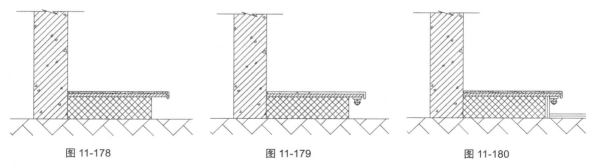

图 11-178   图 11-179   图 11-180

Step16 执行"图案填充"命令，拾取填充范围，选择填充图案为"ANSI38"，设置填充比例为"2"，填充水泥砂浆粘贴层，如图 11-181 所示。

Step17 执行"图案填充"命令，拾取填充范围，选择填充图案为"AR-CONC"，设置填充比例为"1"，填充理石剖面，如图 11-182 所示。

Step18 打开"标注样式管理器"，将 J-10 标注样式置为当前，执行"线性"命令，标注剖面尺寸，如图 11-183 所示。

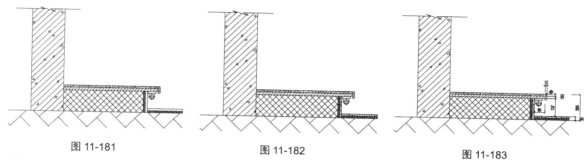

图 11-181   图 11-182   图 11-183

Step19 执行"LE"引线命令，绘制引线标注，执行"多行文字"命令，绘制文字说明，如图 11-184 所示。

Step20 执行"圆""直线"命令，绘制圆形图例符号，执行"多行文字"命令，标注图例文字，如图 11-185 所示。

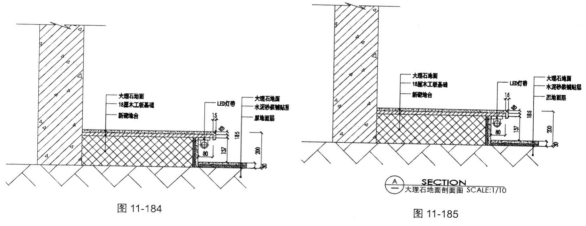

图 11-184

图 11-185

ACAA课堂笔记

第11章 KTV 装潢施工图的绘制

227

11.4.2 绘制包间 B 背景墙造型剖面图

下面介绍包间 B 背景墙造型剖面图的绘制，其具体绘制步骤如下。

Step01 执行"复制"命令，复制剖切符号，执行"镜像"命令，复制剖切方向，如图 11-186 所示。

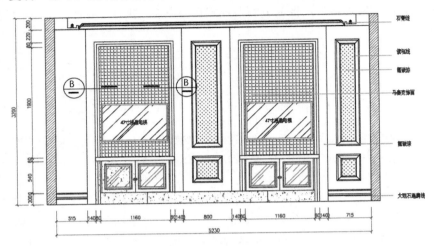

图 11-186

Step02 执行"直线"命令，绘制墙体剖面，执行"多段线"命令，绘制剖切符号，如图 11-187 所示。

Step03 执行"图案填充"命令，拾取填充范围，选择填充图案为"ANSI31"，设置填充比例为"10"，填充墙体，如图 11-188 所示。

Step04 执行"图案填充"命令，拾取填充范围，选择填充图案为"AR-CONC"，设置填充比例为"1"，如图 11-189 所示。

图 11-187

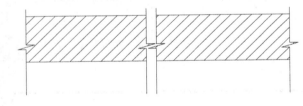

图 11-188

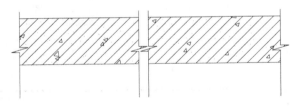

图 11-189

Step05 执行"偏移"命令，偏移造型厚度，执行"修剪"命令，修剪直线，如图 11-190 所示。

Step06 执行"偏移"命令，设置偏移尺寸为 3mm，绘制饰面板，执行"修剪"命令，修剪直线，如图 11-191 所示。

图 11-190

图 11-191

Step07 执行"偏移"命令，设置偏移尺寸为18mm，偏移木工板厚度，执行"修剪"命令，修剪直线，如图 11-192 所示。

Step08 执行"直线"命令，绘制木工板填充图案，执行"复制"命令，复制图案，如图 11-193 所示。

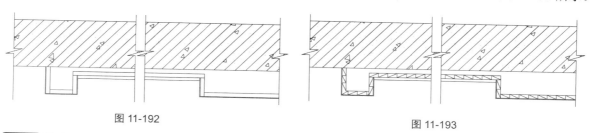

图 11-192   图 11-193

Step09 执行"图案填充"命令，拾取填充范围，选择填充图案为"ANSI34"，设置填充比例为"1"，填充马赛克填充层，如图 11-194 所示。

Step10 执行"矩形""直线"命令，绘制龙骨截面，执行"复制"命令，复制截面，如图 11-195 所示。

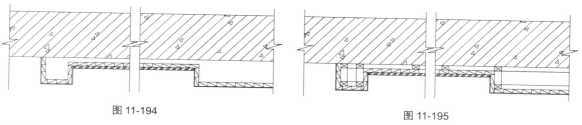

图 11-194   图 11-195

Step11 执行"直线"命令，绘制线条剖面造型，执行"圆弧"命令，绘制圆弧，如图 11-196 所示。

Step12 执行"图案填充"命令，拾取填充范围，选择填充图案为"ANSI31"，设置填充比例为"1"，填充线条剖面，如图 11-199 所示。

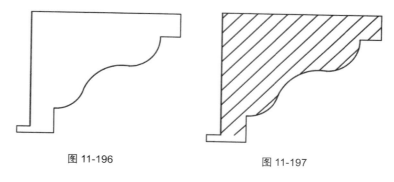

图 11-196   图 11-197

Step13 执行"镜像"命令，镜像复制线条剖面，如图 11-198 所示。

Step14 打开"标注样式管理器"，将 J-10 标注样式置为当前，执行"线性"命令，标注剖面尺寸，如图 11-199 所示。

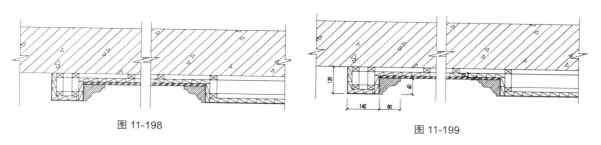

图 11-198   图 11-199

Step15 执行"LE"引线命令，绘制引线标注，执行"多行文字"命令，绘制文字说明，如图 11-200
所示。

Step16 执行"复制"命令，复制图例说明，双击文字更改文字内容，如图 11-201 所示。

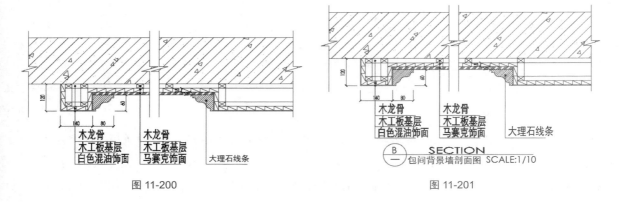

图 11-200

图 11-201

第章

酒店客房施工图的绘制

内容导读

在对酒店空间设计时，其重点应放在酒店大堂及客房两个区域。酒店大堂可以说是酒店的名片，是给人们留下第一印象的地方。而客房是人们入住酒店后使用时间最长的地方，也是酒店的核心。客房设计的好坏直接影响酒店的口碑。本章将以酒店客房为例，介绍客房设计的一些技巧和绘制方法。

学习目标

>> 了解酒店客房的设计原则

>> 掌握平面图纸的绘制

>> 掌握立面图纸的绘制

>> 掌握剖面的绘制方法

12.1 酒店客房的设计原则

客房作为酒店的消费主体，人们入驻酒店后，大部分时间是在客房中度过的，因此客房设计至关重要。设计者在设计时，需遵循以下几点原则。

12.1.1 酒店客房面积划分原则

目前较为主流的酒店可分为三类，分别是星级商务型酒店、快捷经济型酒店以及风景名胜度假型酒店。

◎ 星级商务型酒店：这类酒店客房的空间要求宽阔而整体。其客房面积约为 42 平方米，一般不小于 36 平方米。卫生间干湿两区的全部面积不小于 8 平方米。

◎ 快捷经济型酒店：这类酒店客房只需满足顾客最基本的生活需求即可。其客房面积不能小于 19.84 平方米，如图 12-1 所示。

◎ 风景名胜度假型酒店：这类酒店客房的首要功能是要满足家庭或团体旅游、休假的入住需求和使用习惯。保证宽阔的面积和预留空间是最起码的要求。其客房横向轴网尺寸不得小于 8 米，如果能达到 8.4～8.6 米更好，这样其宽度不会少于 4 米。如果是房间宽度达到 6 米以上，使房间形态成为"阔方型"就更加理想，如图 12-2 所示。

图 12-1

图 12-2

12.1.2 酒店客房功能分配原则

通常客房分为三个功能区域：过道、卫生间和卧房。将这三个功能区域进行合理布局，是一件不容易的事。

1. 过道

过道是从客房外进入客房内的过渡空间，在这个区域中集合了交通、衣柜、小酒吧等几个功能。过道尽量采用"先抑后扬"的设计手法，让顾客先通过一段层高低些的过渡空间，到了卧房区后会有一种豁然开朗的心理感受。所以过道的净高尺寸会略偏低一些。

过道的净宽度也有一个最低要求，即净空要达到 1.10 米宽，小于 1.10 米在使用上将会造成不便。在过道的立面上使用镜面或玻璃，利用其反射性或通透性来增加空间扩张的心理感受，使顾客在经过时的舒适度提高。

2. 卫生间

卫生间是客房设计的关键点。客房卫生间设计得好，客房整体设计也就成功了80%，可见客房卫生间的重要性。卫生间分成两个区：干区、湿区，四个功能：淋浴、浴缸、座便、洗手台。除了要满足上述功能之外，最重要的是要方便使用，干湿区的分割要合理，卫生间内的流线设置要顺畅。

3. 卧房

卧房具有三个基本功能：睡眠、起居、工作。写字台作为商务酒店客房的主要设施之一，具有一种象征意义。工作区的写字柜台将电视机、音响、写字功能，小酒吧、保险箱、行李架组合在一起，把以往的单件构成一个整体，其款式、材质、颜色决定了整个房间的装修风格。

睡眠区是最下功夫的区域，其重点是床背板和床头柜的设计。无论形式上和材料上有什么样的变化创新，一定要与写字台的款式和材料相吻合，使设计元素相互关联。

以往客房的起居功能区往往是两个沙发加一个茶几，再配上一个落地灯。而现在则更多地强调"商务"这个立意，沙发的布艺颜色、材质可以独出心裁地与房间内的其他布艺大不相同，甚至两件沙发的款式、布艺也各不相同，这非但不会破坏房间的整体感，反而更富有生气，更具有家庭感。客房要将睡眠、工作、起居几个功能综合起来设计，在其中应可容纳1～4人，同时能够有几项活动项目。设计师通过技术处理将一些功能区分隔或合并，来增加客房对不同客人的适用性。

12.2 绘制酒店客房平面图

下面以快捷经济型酒店客房为例，绘制其平面类图纸。在绘制平面图时，不仅要熟练掌握运用AutoCAD软件，还要掌握一些重要的装饰布置的概念，便于设计绘制平面图。

■ 12.2.1 绘制客房平面布置图

平面布置图是所有图纸中最重要的，其他所有图纸都围绕其展开设计，所以在设计时，需要好好考虑其设计的合理性，其具体绘制步骤如下。

Step01 执行"格式"|"图层"命令，打开"图层特性管理器"对话框，新建并设置轴线图层，如图 12-3 所示。

Step02 创建其他的图层并设置参数，将"轴线"图层设为当前层，如图 12-4 所示。

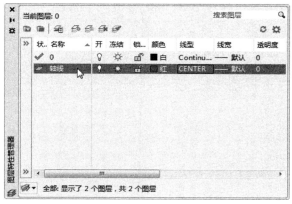

图 12-3

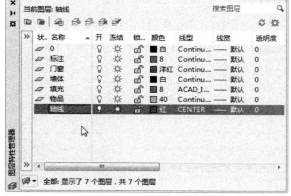

图 12-4

Step03 执行"直线"|"偏移"命令，绘制水平轴线和垂直轴线，并进行偏移操作，如图 12-5 所示。

Step04 选择所有轴线，执行"格式"|"图层"命令，在打开的对话框中设置"线型比例"值为"10"，如图 12-6 所示。

Step05 此时，轴线样式发生了变化，原本较为密实的虚线此时可以清晰地看到间距，如图 12-7 所示。

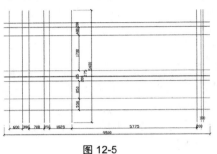

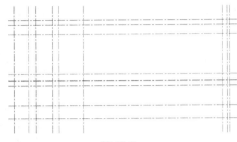

图 12-5　　　　　　　　　　图 12-6　　　　　　　　　　图 12-7

Step06 设置"墙体"图层为当前图层。执行"格式"|"多线样式"命令，打开"多线样式"对话框，单击"修改"按钮，如图 12-8 所示。

Step07 打开"修改多线样式"对话框，勾选"起点"和"端点"选项，再单击"确定"按钮，如图 12-9 所示。

Step08 返回上一级对话框，在预览窗口中可以看到多线样式发生了变化，单击"确定"按钮完成多线样式的设置，如图 12-10 所示。

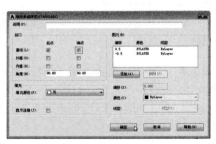

图 12-8　　　　　　　　　　图 12-9　　　　　　　　　　图 12-10

Step09 执行"多线"命令，设置对正为"无"，分别设置比例为"200"和"150"，捕捉绘制主体墙体和卫生间墙体，如图 12-11 所示。

Step10 在"图层特性管理器"中隐藏"轴线"图层，如图 12-12 所示。

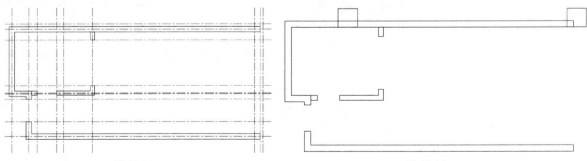

图 12-11　　　　　　　　　　　　　　　　　图 12-12

Step11 执行"直线"命令，绘制直线封闭窗户位置，如图 12-13 所示。

Step12 执行"偏移"命令，将卫生间位置的直线向内各自偏移 55mm，将另一处直线向内偏移 80mm，如图 12-14 所示。

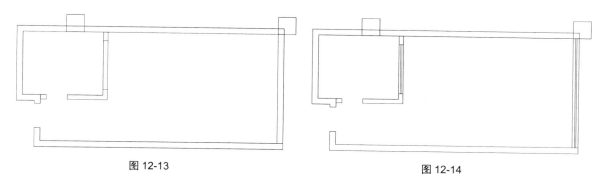

图 12-13   图 12-14

Step13 设置内部的两条直线到"窗户"图层，如图 12-15 所示。

Step14 设置"窗户"图层为当前图层。执行"圆""矩形"命令，捕捉绘制半径为 850mm 的圆和尺寸为 850mm×40mm 的矩形，如图 12-16 所示。

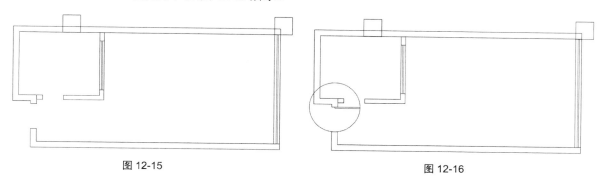

图 12-15   图 12-16

Step15 执行"修剪"命令，制作入户门图形，如图 12-17 所示。

Step16 按照同样的操作，绘制半径为 700mm 的圆和尺寸为 700mm×40mm 的矩形，来制作卫生间的门图形，如图 12-18 所示。

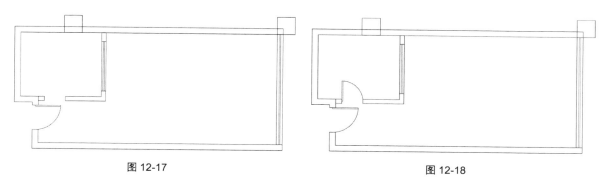

图 12-17   图 12-18

Step17 执行"偏移"命令，偏移卫生间的图形，如图 12-19 所示。

Step18 执行"修剪"命令，修剪图形轮廓，如图 12-20 所示。

Step19 执行"圆角"命令，设置圆角尺寸为 50mm，对洗手台进行圆角操作，并为图形设置各自的图层，如图 12-21 所示。

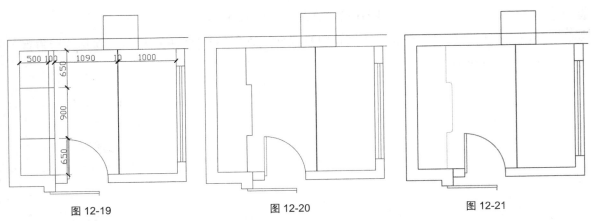

图 12-19   图 12-20   图 12-21

Step20 执行"矩形"命令,创建尺寸分别为 300mm×400mm 和 100mm×50mm 的两个矩形,如图 12-22 所示。

Step21 执行"直线"命令,绘制交叉直线并设置颜色和线型,如图 12-23 所示。

Step22 执行"镜像"命令,将图形镜像到窗户的另一侧,如图 12-24 所示。

Step23 执行"直线"命令,绘制直线,将两侧的图形连接起来,完成窗帘盒的绘制操作,如图 12-25 所示。

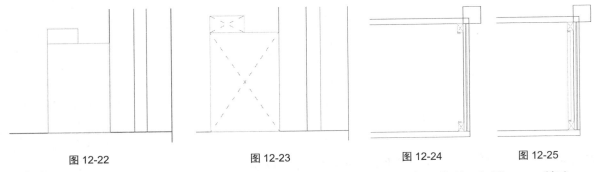

图 12-22   图 12-23   图 12-24   图 12-25

Step24 执行"偏移"命令,将直线向右偏移 20mm,并设置直线的颜色和线型,如图 12-26 所示。

Step25 执行"矩形"命令,绘制多个矩形,放置到合适的位置,如图 12-27 所示。

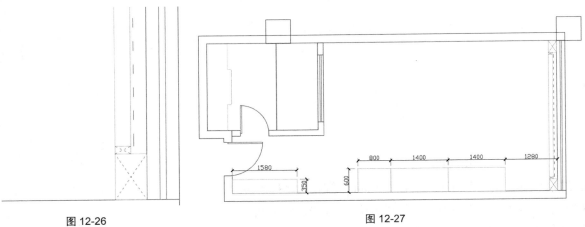

图 12-26   图 12-27

Step26 将入口位置的矩形炸开,再执行"偏移"命令,偏移图形,如图 12-28 所示。

Step27 继续执行"偏移"命令，将墙体轮廓线向上进行偏移，如图 12-29 所示。

Step28 执行"修剪"命令，修剪茶水台造型，如图 12-30 所示。

Step29 执行"直线"命令，绘制辅助线并设置颜色和线型，如图 12-31 所示。

Step30 执行"偏移"命令，将一个矩形向内偏移 40mm，如图 12-32 所示。

Step31 执行"图案填充"命令，选择"ANSI31"图案，设置比例为"20"，选择内部的矩形进行填充，并设置内部矩形的颜色和线型，如图 12-33 所示。

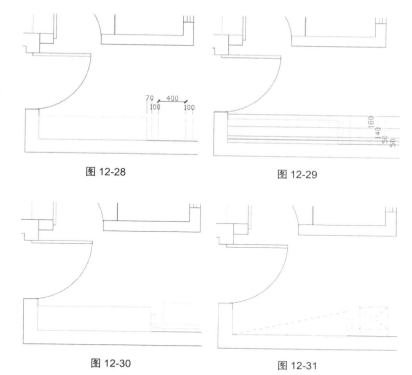

图 12-28   图 12-29

图 12-30   图 12-31

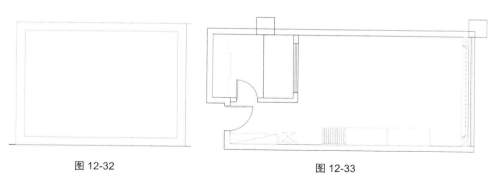

图 12-32   图 12-33

Step32 为图形插入单人床、休闲座椅、窗帘、电视机、马桶、洗手盆、淋浴等图块，布置到合适的位置，如图 12-34 所示。

Step33 执行"图案填充"命令，选择"SOLID"图案，填充柱子，如图 12-35 所示。

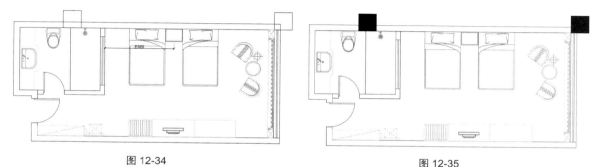

图 12-34   图 12-35

Step34 打开"轴线"图层，执行"线性"命令为平面图标注尺寸，如图 12-36 所示。

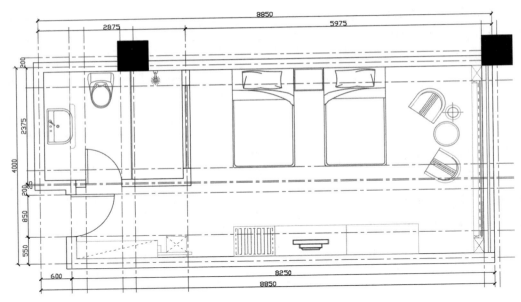

图 12-36

Step35 关闭"轴线"图层。执行"多行文字"命令，为图形标注文字说明。将平面图添加立面图标识，如图 12-37 所示，至此客房平面布置图绘制完成。

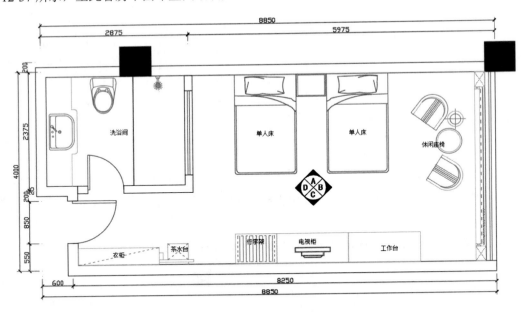

图 12-37

■ 12.2.2　绘制客房地面布置图

下面根据客房平面布置图绘制地面布置图，其具体绘制步骤如下。

Step01 复制平面布置图，删除多余的图形，如图 12-38 所示。

Step02 执行"直线"命令，绘制直线区分功能区域，如图 12-39 所示。

AutoCAD 2020 室内设计课堂实录

238

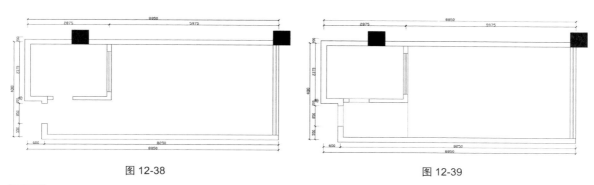

图 12-38   图 12-39

Step03 执行"矩形"命令，绘制尺寸为1250mm×800mm的矩形，放置在合适的位置，如图12-40所示。

Step04 执行"偏移"命令，将矩形向内依次偏移20mm、100mm、20mm，如图12-41所示。

Step05 执行"直线"命令，绘制矩形对角线，再次执行"直线"命令，绘制地砖抽缝线，如图12-42所示。

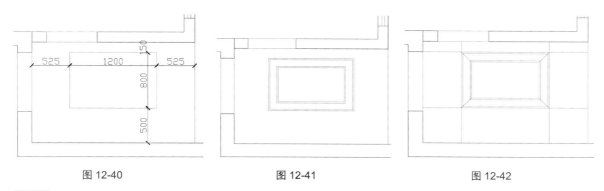

图 12-40   图 12-41   图 12-42

Step06 执行"图案填充"命令，选择"SWAMP"图案，设置比例为"10"、角度为"45"，选择卧房区域进行填充，如图12-43所示。

Step07 执行"图案填充"命令，选择"NET"图案，设置比例为"95"，选择洗浴区域进行填充，如图12-44所示。

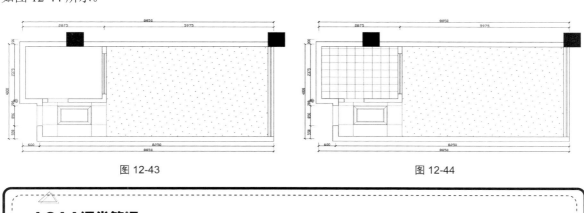

图 12-43   图 12-44

ACAA课堂笔记

Step08 执行"图案填充"命令，选择"GRAVEL"图案，设置比例为"10"，选择过门石区域进行填充，如图 12-45 所示。

Step09 执行"多行文字"命令，为地面布置图添加地面材质说明，完成地面布置图的绘制，如图 12-46 所示。

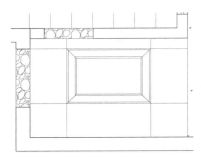

图 12-45

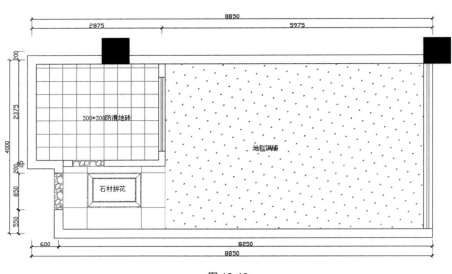

图 12-46

■ 12.2.3　绘制酒店客房顶棚布置图

下面介绍客房顶棚布置图的绘制操作，其具体绘制步骤如下。

Step01 复制客房平面布置图，删除家具图块、文字说明等图形，再执行"直线"命令，绘制直线封闭门洞，如图 12-47 所示。

Step02 执行"偏移"命令，将窗户位置的直线向左依次偏移 5400mm、50mm，如图 12-48 所示。

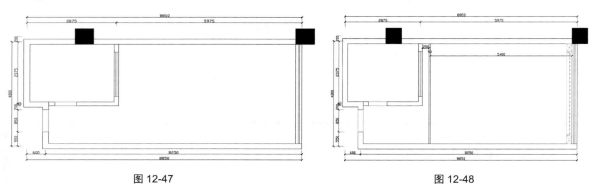

图 12-47　　　　　　　　　　　　　　　　　图 12-48

Step03 执行"特性匹配"命令，将窗户位置的灯带图形的特性匹配到新偏移的图形上，如图 12-49 所示。

Step04 插入射灯图块，并布置到合适的位置，如图 12-50 所示。

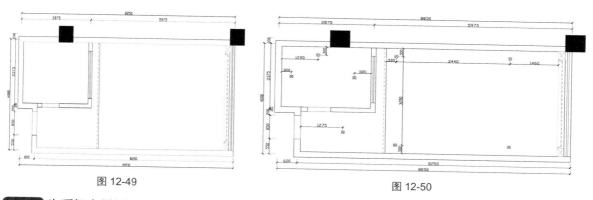

图 12-49 图 12-50

Step05 为顶棚布置图添加标高，明确顶部各位置的高度，如图 12-51 所示。

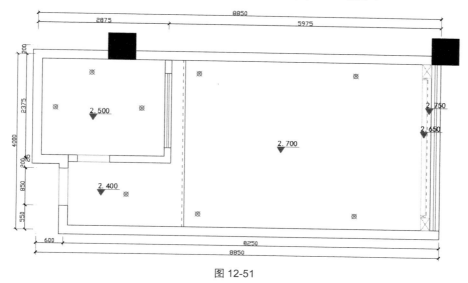

图 12-51

Step06 在命令行中输入"ql"命令，为图形添加引线标注，完成客房顶棚布置图的绘制，如图 12-52 所示。

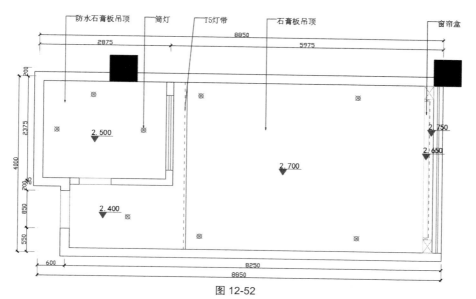

图 12-52

12.3 绘制酒店客房立面图

平面布置图绘制完成后，下面根据平面布置图绘制客房立面图。其中包括床背景墙、电视背景墙两个立面。

■ 12.3.1 绘制客房 A 立面图

本节介绍绘制客房 A 立面图，其具体绘制步骤如下。

Step01 依次执行"直线"和"偏移"命令，绘制直线并进行偏移操作，如图 12-53 所示。

Step02 执行"修剪"命令，修剪多余的图形，如图 12-54 所示。

Step03 执行"矩形""直线"命令，绘制尺寸为 100mm× 50mm 的矩形及直线，如图 12-55 所示。

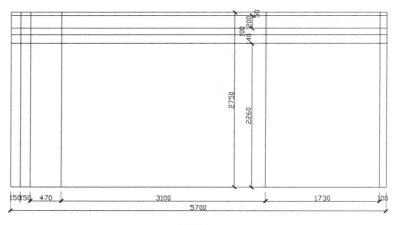

图 12-53

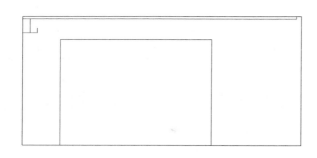

图 12-54

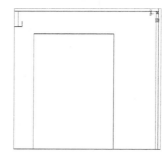

图 12-55

Step04 执行"直线"命令，捕捉绘制多条直线，如图 12-56 所示。

Step05 执行"偏移"命令，将横向和竖向的直线进行偏移操作，如图 12-57 所示。

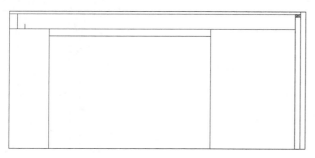

图 12-56

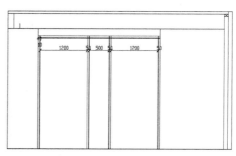

图 12-57

Step06 执行"修剪"命令，对图形进行修剪操作，如图 12-58 所示。

Step07 执行"偏移"命令，再次偏移图形，如图 12-59 所示。

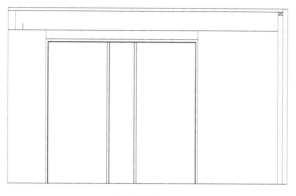

图 12-58

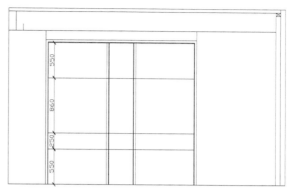

图 12-59

Step08 执行"修剪"命令，修剪图形，如图 12-60 所示。

Step09 利用"定数等分"和"直线"命令，将两块区域等分成五份，如图 12-61 所示。

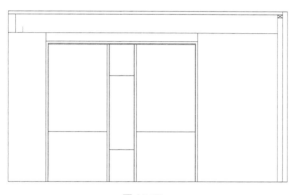

图 12-60

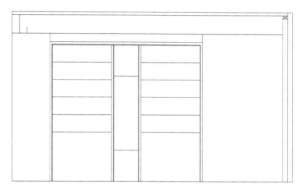

图 12-61

Step10 执行"偏移""修剪"命令，绘制 120mm 高的踢脚线造型，再绘制背景墙两侧对角线，如图 12-62 所示。

Step11 在图形中插入单人床、灯具、茶几、插座等图块，调整至合适的位置，如图 12-63 所示。

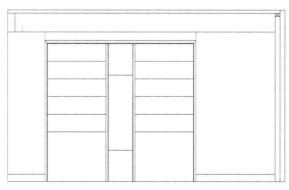

图 12-62

图 12-63

Step12 调整图形中各个线条的颜色和线型，如图 12-64 所示。

Step13 执行"图案填充"命令，选择"ANSI31"图案，设置比例为"15"，选择顶部区域进行填充，如图 12-65 所示。

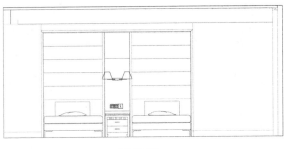

图 12-64

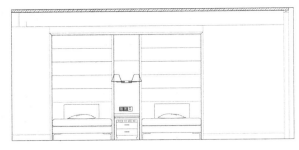

图 12-65

Step14 执行"图案填充"命令，选择"CROSS"图案，设置比例为"10"，选择墙面壁纸区域进行填充，如图 12-66 所示。

Step15 执行"图案填充"命令，选择"ANSI31"图案，设置比例为"10"、角度为"45"，选择背景墙木制作区域进行填充。然后选择"AR-SAND"图案，设置比例为"1"，选择背景墙软包区域进行填充，如图 12-67 所示。

图 12-66

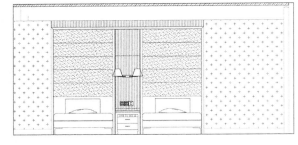

图 12-67

Step16 执行"线性"命令，对图形标注尺寸，如图 12-68 所示。

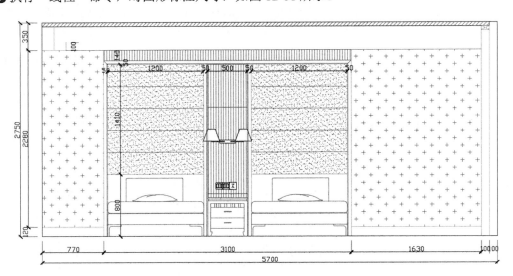

图 12-68

Step17 在命令行中输入"ql"命令，进行引线标注，完成立面图的绘制，如图 12-69 所示。

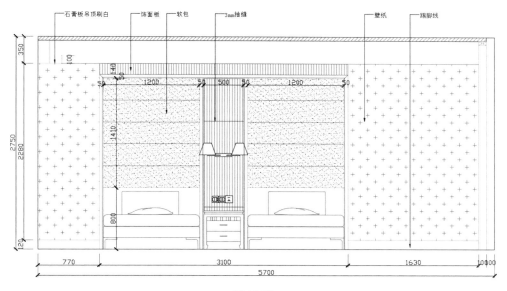

图 12-69

■ 12.3.2 绘制客房 C 立面图

接下来绘制酒店客房 C 立面图，其具体绘制步骤如下。

Step01 执行"直线""偏移"命令，绘制长方形并进行偏移操作，如图 12-70 所示。

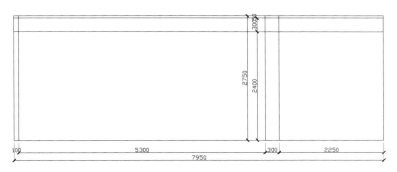

图 12-70

Step02 执行"修剪"命令，修剪出墙面轮廓，如图 12-71 所示。

图 12-71

Step03 执行"偏移"命令，偏移横向和纵向的图形，如图 12-72 所示。

Step04 执行"修剪"命令，修剪图形，如图 12-73 所示。

Step05 执行"矩形"|"偏移"命令，绘制矩形，并向内依次偏移 100mm、5mm，如图 12-74 所示。

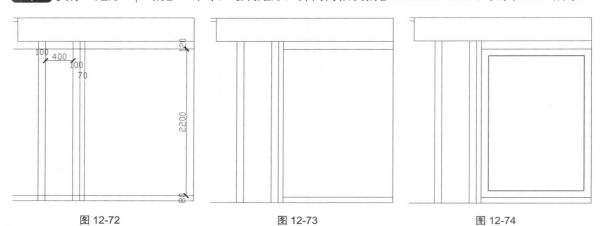

图 12-72　　　　　　　　图 12-73　　　　　　　　图 12-74

Step06 执行"直线"命令，捕捉绘制对角线和中线，如图 12-75 所示。

Step07 执行"偏移"命令，将图形向下偏移，如图 12-76 所示。

Step08 执行"修剪"命令，修剪多出的图形，如图 12-77 所示。

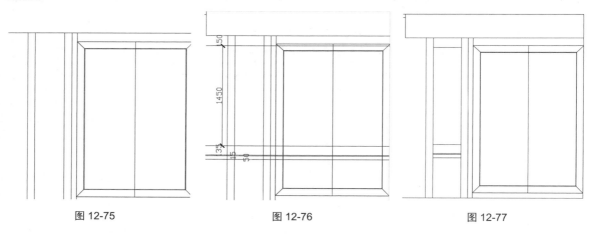

图 12-75　　　　　　　　图 12-76　　　　　　　　图 12-77

ACAA课堂笔记

Step09 执行"矩形"|"偏移"命令，绘制矩形并向内偏移 10mm，如图 12-78 所示。

Step10 执行"多段线"命令，捕捉绘制一条"U"形多段线，再将其向内偏移 40mm，如图 12-79 所示。

Step11 将内部的多段线炸开，执行"偏移"命令，偏移图形，如图 12-80 所示。

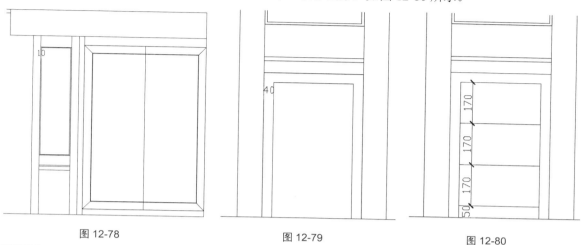

图 12-78   图 12-79   图 12-80

Step12 执行"矩形"命令，绘制尺寸为 260mm×30mm 的矩形，居中放置至合适位置，如图 12-81 所示。

Step13 执行"圆角"命令，设置圆角尺寸为 10mm，对矩形的两个角执行圆角操作，再将图形向下复制，如图 12-82 所示。

Step14 执行"偏移"命令，将边线向内偏移 50mm，并修改颜色和线型，作为灯带，如图 12-83 所示。

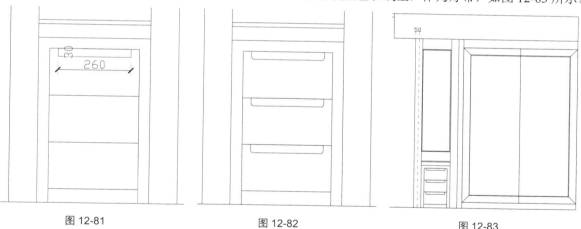

图 12-81   图 12-82   图 12-83

Step15 执行"偏移"命令，偏移图形，如图 12-84 所示。

Step16 执行"修剪""延伸"命令，制作灯槽造型，如图 12-85 所示。

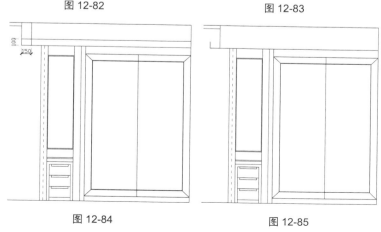

图 12-84   图 12-85

Step17 执行"矩形" | "直线"命令，绘制尺寸为 100mm×50mm 的矩形，再捕捉绘制直线，绘制窗套轮廓，如图 12-86 所示。

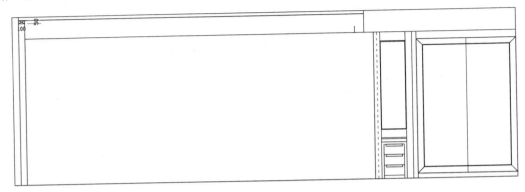

图 12-86

Step18 执行"偏移"命令，偏移图形，如图 12-87 所示。

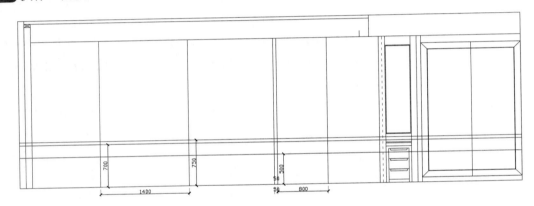

图 12-87

Step19 执行"修剪"命令，修剪图形轮廓，如图 12-88 所示。

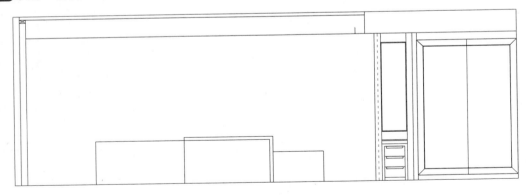

图 12-88

Step20 执行"偏移"命令，偏移图形，如图 12-89 所示。

Step21 执行"修剪"命令，修剪出工作台、电视柜、行李架造型，如图 12-90 所示。

AutoCAD 2020 室内设计课堂实录

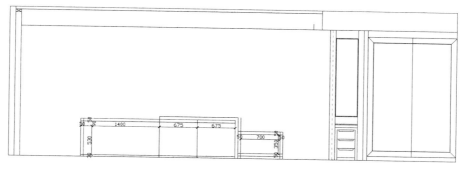

图 12-89

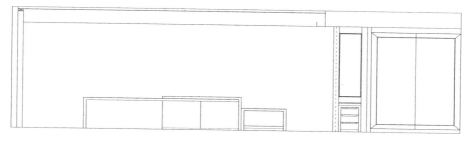

图 12-90

Step22 执行"直线"命令，绘制柜门装饰线，调整颜色和线型，如图 12-91 所示。

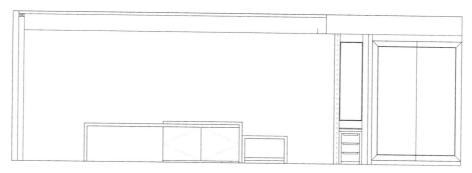

图 12-91

Step23 执行"偏移"|"修剪"命令，偏移图形并进行修剪，制作 120mm 高的踢脚线造型，如图 12-92 所示。

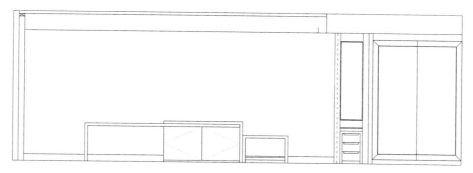

图 12-92

Step24 修改图形的颜色和线型，如图 12-93 所示。

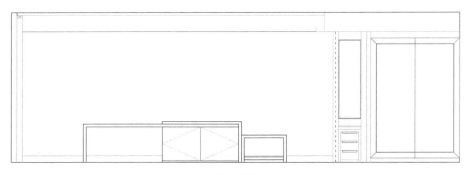

图 12-93

Step25 执行"矩形"命令，绘制两个叠加的矩形，放置在工作台位置，如图 12-94 所示。

Step26 执行"修剪"|"圆角"命令，修剪被覆盖的踢脚线，再对矩形进行圆角操作，圆角尺寸为 20mm，如图 12-95 所示。

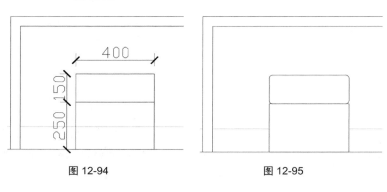

图 12-94　　　　　　　　　图 12-95

Step27 执行"插入"命令，为立面图插入电视机、台灯、装饰画等图块，放置至合适的位置，如图 12-96 所示。

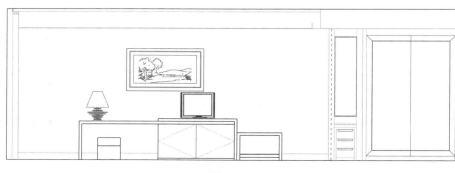

图 12-96

ACAA课堂笔记

Step28 执行"图案填充"命令，选择"ANSI31"图案，设置比例为"15"，选择顶部区域进行填充，如图 12-97 所示。

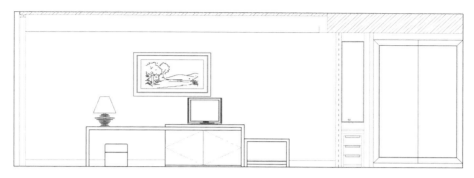

图 12-97

Step29 执行"图案填充"命令，选择"CROSS"图案，设置比例为"15"、角度为"45"，选择墙面区域进行填充，如图 12-98 所示。

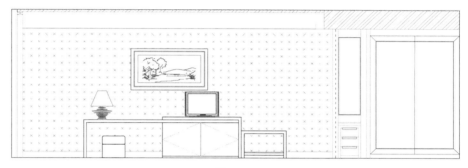

图 12-98

Step30 执行"矩形"命令，绘制尺寸为 20mm×80mm 的矩形，作为衣柜门拉手，如图 12-99 所示。

Step31 执行"图案填充"命令，选择"ANSI31"图案，设置比例为"10"，填充墙面木质造型，如图 12-100 所示。

Step32 继续选择"ANSI31"图案，设置比例为"10"、角度为"90"，继续填充墙面木质造型，如图 12-101 所示。

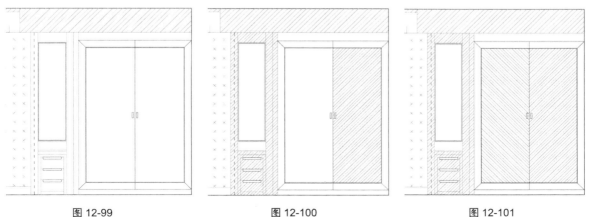

图 12-99　　　　　　　　　图 12-100　　　　　　　　　图 12-101

Step33 执行"图案填充"命令，选择"AR-RROOF"图案，设置比例为"10"、角度为"45"，填充镜子造型，如图 12-102 所示。

Step34 在同样的区域，选择"AR-CONC"图案，设置比例为"2"，进行填充，如图 12-103 所示。

Step35 执行"图案填充"命令，选择"AR-SAND"图案，设置比例为"1"、颜色为黑色，填充镜子下方区域，如图 12-104 所示。

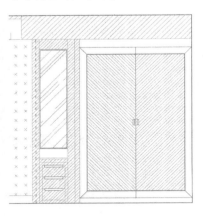 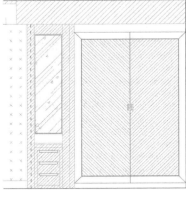 

图 12-102   图 12-103   图 12-104

Step36 执行"线性"命令，为图形标注尺寸，如图 12-105 所示。

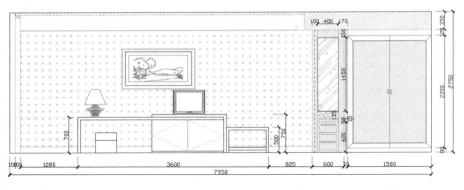

图 12-105

Step37 在命令行中输入"ql"命令，添加引线标注，表明图中的材质，完成立面图的绘制，如图 12-106 所示。

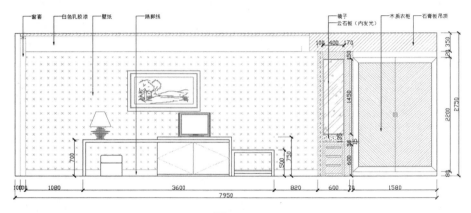

图 12-106

12.4 绘制酒店客房剖面图

剖面图主要表现一些设计细节，有了剖面图，施工人员可按照图纸尺寸进行相应的操作。本节以吊顶灯槽以及茶水台剖面图为例，介绍剖面图具体的绘制方法。

■ 12.4.1 绘制吊顶灯槽剖面图

下面介绍洗浴间墙外顶部灯槽区域剖面图的绘制，其具体绘制步骤如下。

Step01 执行"直线""偏移"命令，绘制并偏移图形，如图 12-107 所示。

Step02 执行"修剪"命令，修剪多余的线段，如图 12-108 所示。

Step03 执行"直线"命令，居中绘制间隔距离为 10mm 的两条直线，如图 12-109 所示。

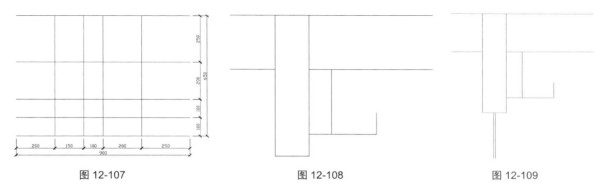

图 12-107   图 12-108   图 12-109

Step04 执行"偏移"命令，将直线向内依次偏移 3mm、15mm，如图 12-110 所示。

Step05 执行"圆"命令，捕捉绘制一个圆形，如图 12-111 所示。

Step06 执行"修剪"命令，修剪图形，如图 12-112 所示。

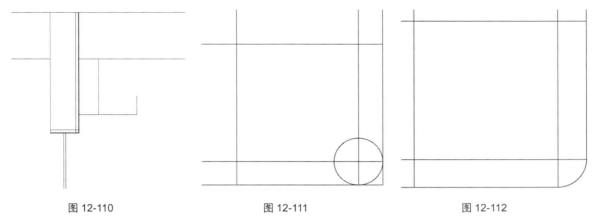

图 12-110   图 12-111   图 12-112

Step07 执行"偏移"命令，偏移图形，12mm 厚石膏板、15mm 厚木工板、30mm 后龙骨，如图 12-113 所示。

Step08 执行"延伸"命令，向上延伸图形，如图 12-114 所示。

Step09 依次执行"偏移""延伸""修剪"命令，继续绘制图形，如图 12-115 所示。

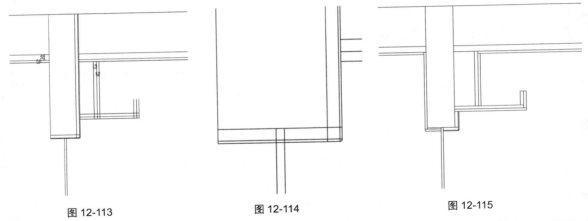

图 12-113　　　　　　　　图 12-114　　　　　　　　图 12-115

Step10 执行"圆角"命令，设置圆角尺寸为5mm，对左侧的图形执行圆角操作，如图12-116所示。

Step11 插入吊筋、灯具图块至剖面图合适位置，如图12-117所示。

Step12 绘制样条曲线并进行复制，再执行"修剪"命令，修剪图形，如图12-118所示。

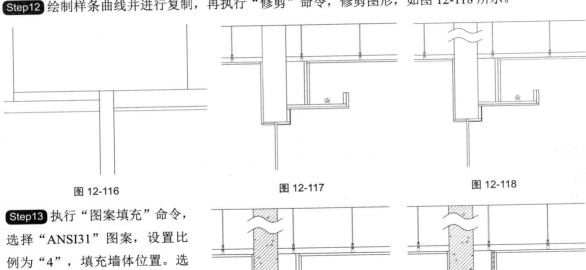

图 12-116　　　　　　　　图 12-117　　　　　　　　图 12-118

Step13 执行"图案填充"命令，选择"ANSI31"图案，设置比例为"4"，填充墙体位置。选择"AR-CONC"图案，设置比例为"0.5"，再次填充墙体位置，如图12-119所示。

Step14 执行"图案填充"命令，选择"CORK"图案，设置比例为"2"，填充木工板位置，如图12-120所示。

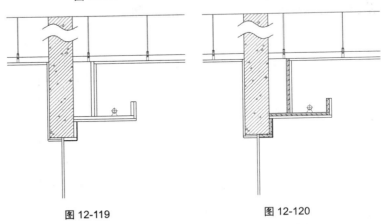

图 12-119　　　　　　　　图 12-120

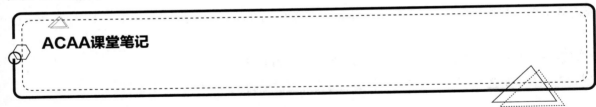

ACAA课堂笔记

AutoCAD 2020 室内设计课堂实录

Step15 修改线条颜色，执行"线性"命令，为图形标注尺寸，如图 12-121 所示。

Step16 添加引线标注，完成剖面图的绘制，如图 12-122 所示。

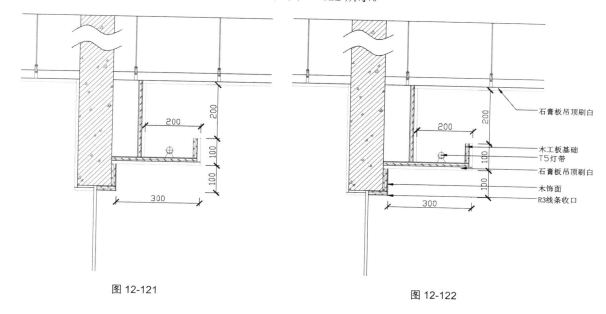

图 12-121

图 12-122

■ 12.4.2 绘制茶水台剖面图

下面介绍茶水台剖面图的绘制，其具体绘制步骤如下。

Step01 单独复制出茶水台立面图图形，如图 12-123 所示。

Step02 执行"直线"命令，捕捉连接立面图形绘制直线，如图 12-124 所示。

Step03 执行"偏移"命令，将竖直线向左侧依次偏移 50mm、50mm、320mm，如图 12-125 所示。

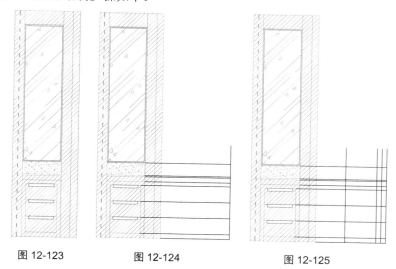

图 12-123   图 12-124   图 12-125

ACAA课堂笔记

Step04 执行"修剪"命令，修剪图形，再删除多余的图形，如图 12-126 所示。

Step05 执行"偏移"命令，偏移图形，如图 12-127 所示。

Step06 执行"偏移"命令，偏移出 5mm 厚镜子、3mm 厚木饰面、15mm 木工板以及 5mm 的抽屉缝隙，如图 12-128 所示。

Step07 执行"修剪"命令，修剪出台面及抽屉造型，如图 12-129 所示。

Step08 执行"矩形""直线"命令，绘制尺寸为 20mm×25mm 的矩形及交叉直线，作为木龙骨，如图 12-130 所示。

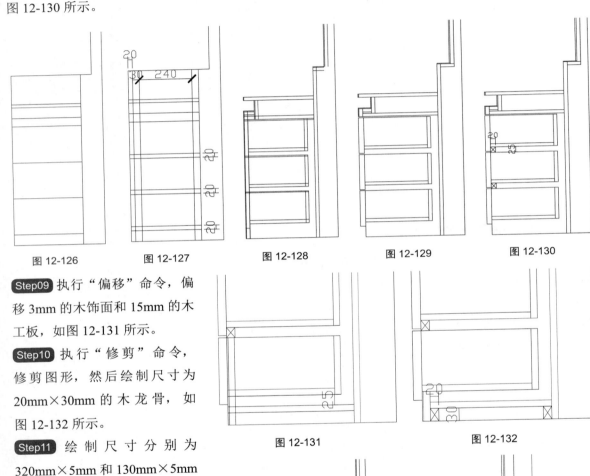

图 12-126   图 12-127   图 12-128   图 12-129   图 12-130

Step09 执行"偏移"命令，偏移 3mm 的木饰面和 15mm 的木工板，如图 12-131 所示。

Step10 执行"修剪"命令，修剪图形，然后绘制尺寸为 20mm×30mm 的木龙骨，如图 12-132 所示。

图 12-131   图 12-132

Step11 绘制尺寸分别为 320mm×5mm 和 130mm×5mm 的两个矩形作为云石板，如图 12-133 所示。

Step12 执行"偏移"命令，偏移图形，如图 12-134 所示。

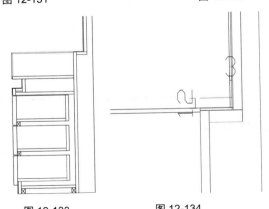

图 12-133   图 12-134

Step13 执行"直线"和"修剪"命令，制作镜面的车边效果，如图 12-135 所示。

Step14 执行"矩形"命令，绘制尺寸为 150mm×8mm 的矩形作为节能灯，如图 12-136 所示。

Step15 执行"图案填充"命令，选择"CORK"图案，设置比例为"2"，填充木工板位置，如图 12-137 所示。

Step16 执行"图案填充"命令，选择"ANSI31"图案，设置比例为"1"，填充抽屉门板位置，如图 12-138 所示。

Step17 利用"直线""圆"命令，绘制抽屉的轨道图形，并进行复制，如图 12-139 所示。

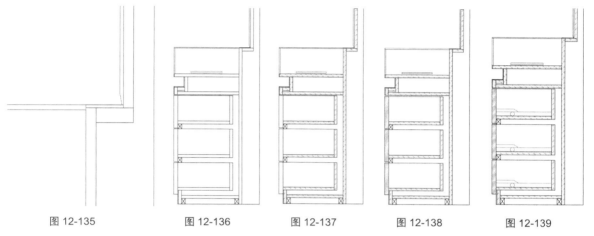

| 图 12-135 | 图 12-136 | 图 12-137 | 图 12-138 | 图 12-139 |

Step18 执行"线性"命令，为图形标注尺寸，如图 12-140 所示。

Step19 在命令行中输入"ql"命令，为图形标注引线说明，完成剖面图的绘制，如图 12-141 所示。

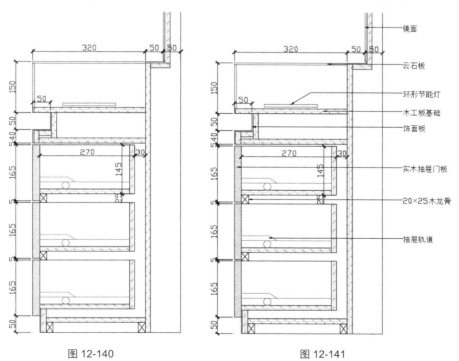

图 12-140   图 12-141